兵器世界奥秘探索

钢铁雄鹰——军用飞机的故事

田战省 编著

吉林出版集团
北方妇女儿童出版社

兵器世界奥秘探索

钢铁雄鹰——军用飞机的故事

前言
▶▶▶ **Foreword**

　　人类使用武器的历史可以追溯到人类刚刚学会使用石头和木棒的时候。在那个蒙昧未开化的年代,人类为了在恶劣的自然环境里生存下来,利用手中的猎食工具与自然和猛兽抗争。

　　但是,武器和武器技术的迅猛发展却只有几百年的历史。在众多的武器门类中,军用飞机发展无疑是最令人瞩目的。自从莱特兄弟第一次进行了有动力的飞行后,飞机的发展潜力就开始被人们发掘出来。但是,人类是一种好战的生物,从实现空中自由飞翔的美丽梦想到让死神上天仅仅用了8年的时间,首次真正的空战就在此后不久发生了。飞机成为了蓝天中一只翱翔的战鹰,被当作新的战略武器在各国研制与开发。

　　两次世界大战的爆发,大大促进了军用飞机的发展。它为了各种军事目的改头换面,参与各种袭击与进攻行动,甚至还创造了军事史上的神话。但是,这些著名战机背后的故事却鲜为人知。它们是为什么被开发出来的?它们是怎样研制而成的?它们具备怎样的军事性能?它们在军事行动中的表现好吗……

　　这本《军用飞机的故事》将会为你详尽介绍各种著名战机从诞生到完善的艰辛过程,从不被人们看好到闻名遐迩的传奇经历,从试验首飞到驰骋战场的威猛英姿。全书还配有精美、翔实的图片,为你立体展示军用飞机的形态,对于喜爱武器的少年儿童来说,是一本不容错过的读物,希望你们能喜欢。

目录
►►► Contents ►

战斗机

空中兵器简史

从飞机第一次飞上蓝天，到飞机运用到战争，经历了一场快速的演变过程。1903年，莱特兄弟首次实现了人类飞翔蓝天的梦想；航空事业的不断发展，使人们进一步认识到了飞机的价值；第一次世界大战时，飞机正式登上了战争的舞台；杜黑的制空权理论更是极大地促进了军用飞机的发展；第二次世界大战更使飞机的作用表现得淋漓尽致。飞机已经成为了现代化的作战武器，成为了各国国防力量的重要组成部分，也是各国航空力量强弱的代表。

飞机的发明 >>>

人类自古以来就怀有翱翔于天空的梦想,对那个白云飘飘的广阔世界充满好奇,但是,由于科学技术的有限,人类的梦想一直迟迟未能实现。当历史的指针指向 20 世纪初的时候,人类千百年来飞翔蓝天的梦想终于变成了现实,实现这一梦想的是美国两位文化水平不高的修理工——莱特兄弟,他们为世界带来了不凡的影响,

对于飞行的追求

莱特兄弟是美国俄亥俄州人,年幼时,他们曾得到了父亲赠送的一个用橡皮筋作为动力的飞行陀螺,从而对飞行产生了浓厚的兴趣。后来,兄弟两人经营过自行车修理行,办过报社,他们虽然文化程度不高,但是善于钻研,并且他们还一直密切关注着飞机研制的进程。1899 年,早期飞行家皮儿查因试飞失败而丧命;英国飞行家马克沁因试飞而摔伤;法国技师亚德制作的飞机在飞行中摔得粉碎等等,但是这些都没有动摇莱特兄弟制造飞机的决心。在他们的努力下,终于在 1900 年制成了滑翔机。

滑翔机的出现

莱特兄弟带着制造成功的飞机来到了试飞场,首先对滑翔机进行了无人试飞,飞机的表现情况良好,十分高兴的兄弟两人先后坐进了机舱,打算进行乘人试飞。结果,滑翔机成功飞到了 180 米以上,而且比较平稳,效果良好。这次试飞的成功大大地鼓舞了兄弟两人,从 1900 年开始,到 1902 年,他们进行了近千次的滑翔飞行,冒着生命危险尝试各种飞机动作,从而积累了大量宝贵的空气动力学参数。同时,他们还从小鸟那里得到了启示,于 1902 年制成了翼端卷曲并装有活动方向舵的先进滑翔机。

奥维尔·莱特(左)和威尔伯·莱特(右)。

"飞行者"号是一架普通双翼机,它的两个推进式螺旋桨分别安装在驾驶员位置的两侧,由单台发动机链式传动。该机的双层机翼能提供升力,活动的方向舵可以操纵升降和左右盘旋,由发动机带动螺旋桨,驾驶者俯卧在下层主翼正中来操纵飞机。

兵器解密

1903 年 12 月 17 日莱特兄弟第一次公开飞行。奥维尔担任驾驶员,威尔伯在翼尖跟着跑。

改进滑翔机

1903 年,莱特兄弟在取得大量滑翔飞行的经验后,就开始打算在滑翔机上安装当时最为先进的汽油活塞发动机。但是,对于飞机安装多大的发动机是合适的他们并不知道。于是他们就一次次地往滑翔机上装沙袋来进行测试,最后他们终于弄清了滑翔机的剩余最大的运载能力只有 90 千克。但是当时最小的发动机也有 140 千克,于是他们在一个机械工帮助下制作出了一台 12 马力 70 千克的发动机。然后,试制了螺旋桨,这样一架简易的双翼飞机就制造出来了,莱特兄弟把它命名为"飞行者"。

"飞行者"起飞

1903 年 12 月 17 日,是人类飞行史上的一个重要的日子,就在这一天人类第一架飞机——"飞行者"当众试飞。试飞地点在美国北卡罗来纳州的一片荒沙丘上。清晨,寒气袭人,风速达每小时 45 千米,虽然莱特兄弟提前公告了试飞的事情,可是观看的群众却不是很多,因为大家都不相信这对兄弟会取得成功。试飞时间到了,莱特兄弟首先发动了引擎,让飞机作了预热,然后解开拴着飞机的粗绳。弟弟奥维尔在飞机上操纵,哥哥威尔伯抓住机翼以维持机身的平衡。经过努力,"飞行者"号缓缓飞离了沙丘,越飞越高,这次首飞宣告成功。虽然,这次飞行只持续了 12 秒,高度只有 3 米,飞行距离只有 37 米,但却打开了人类遨游蓝天的新纪元。

兵器简史

随着莱特兄弟飞行的成功,1909 年在欧洲召开了第一次世界航空会议,航空事业开始进入到了实际发展阶段。飞机制造逐渐成为制造工业中不可缺少的一部分,英国、法国、比利时相继生产飞机引擎,飞机研制也进入到新的时期。

兵器
知识

> "莫拉纳—桑尼埃"是第一种歼击机
1926年美国批准使用A-3强击机

早期军用飞机 >>>

尽管莱特兄弟声称,他们发明和制造飞机的目的并不是为了战争,但是"飞行者"号试飞的成功,却引来了一些有远见的军事评论家的注意。他们注意到这一新生事物用于军事的可能性,进而使军方也开始关注飞机,尝试一些大胆的设想。就这样,飞机逐渐进入到了军事领域,慢慢地向军用飞机转化,成为有效的军事力量。

踏入军事领域

1908年,美国军方开始参与到莱特兄弟的飞行试验中,在莱特兄弟成功地为军方作了表演之后,莱特兄弟顺利地获得了为美国陆军制造一架飞机的合同。但是,飞机进

🔄 1908年9月奥维尔于美国维吉尼亚州迈尔堡,为美国陆军展示其飞行器。

入到军队以后,它的巨大的军事威力并没有立刻被人们认识到,这是因为当时的飞机制造技术还不发达,飞机全部是用木料和金属线制成,机翼和机身用涂上胶的布覆盖,也没有配备什么武器,没有什么空中打击能力。一些对飞机在战场上究竟有多大用途而迷茫的将军把它配置给陆军通讯兵做通讯工具使用,或者把它派往敌人阵地上做通讯侦察,观察炮击点和弹着点,从而可以更加精确地打击敌人。

莫拉纳—桑尼埃

虽然,之后的飞行员想出了各种办法来增加飞机的战斗力,例如自带手枪、在飞机上安装锋利的刀子,但是这些空战武器只是飞行员们的奇思妙想,根本无法使空战像陆战一样激烈有效,于是一些工程师尝试将陆战武器搬上飞机。由于当时飞机的运载能力有限,沉重的火炮还不适用于空中作战,所以他们首先选中的是可以连续发射的机枪。1915年,法国的"莫拉纳—桑尼埃"飞机最先将机关枪安装在座舱前的机头上方,

德国"信天翁"E3是第一次世界大战中的一种主要的歼击机。由飞机设计师福克设计，于1916年—1917年生产。该飞机可以乘坐2人，动力装置为1台气缸发动机，推动力为160马力，最快速度为每小时165千米，升限为5千米，装备2挺机枪。

兵器解密

机枪子弹穿过螺旋桨转面进行射击，为了防止子弹不打坏螺旋桨，在螺旋桨的转叶上安装了金属弹板予以保护。法国人利用这种新式的飞机立即在空中给德国人一个下马威，使德国空军见到法国飞机就立刻逃跑。

"福克的灾难"

遭遇到法国飞机的空中打击之后，德国人一直处在被动逃跑的地位上。几个月之后，德国的机会来了，一架法军飞机因为发动机爆炸，而不得不停在德军阵地的后面，德军立即截获了飞机，并且仔细对它进行了研究，终于弄清了法国飞机能发射子弹的奥秘。随即德国军方命令一个叫福克的荷兰人在48小时之内，也照样将一挺帕拉贝卢姆气冷式机枪安装在飞机上。福克在规定的时间内制成了新的机枪，这种机枪比法国人的机枪更高级，他特意设计了一个凸轮系统，把机枪和螺旋桨联动，能使螺旋桨在遮挡枪口时发射机枪子弹。不久后，配备机枪的"福克式"歼击机使德国在空战中占足了

> **兵器简史**
>
> 1913年2月25日，俄国人伊格尔·西科尔斯基设计的世界上第一架专用轰炸机首飞成功。这架命名为"伊里亚·穆梅茨"的轰炸机装有8挺机枪，最多可载弹800千克，机身内有炸弹舱，并首次采用电动投弹器、轰炸瞄准具、驾驶和领航仪表。

优势，连连击落英、法军队的飞机，制造了恐怖一时的"福克的灾难"。

轰炸空袭的诞生

不过，最能显示飞机强大威力的，并不是在空中对航空目标的打击，而是对敌人地面目标的狂轰滥炸。这样新的作战思路虽然早在20世纪初就已经出现了，但是它的大规模运用却是在第一次世界大战期间。1911年10月，意大利和土耳其为争夺北非利比亚殖民地的利益而爆发战争。11月1日，意大利航空队的加福蒂少尉从他驾驶的飞机上，向塔吉拉绿洲和艾因扎拉地区的土耳其军队投下了4颗约2千克的"西佩利"式榴弹，眼看着几个黑乎乎的东西从头顶上砸了下来，土耳其士兵被吓坏了。这4颗榴弹的爆炸宣告了空对地轰炸历史的正式开始，引起了欧洲各国的军事界的广泛关注。

📛 福克战斗机。福克将机枪安全地搬上飞机，诞生了真正的战斗机。这种福克式战斗机的问世，显示出了飞机强大的军事潜能。

兵器知识

> 杜黑被称为"战略空军之父"
> 杜黑是世界"三大空军战略家"之一

制空权 >>>

随着空中战斗的不断频发,越来越多的军事家认识到空中战略的重要性。空中较量不同于地面较量,它有着自己的战略战术。1921年,意大利军事理论家朱利奥·杜黑倾尽毕生的心血终于完成了他的空军战略研究成果——《制空权》。在此书中杜黑提出了自己的制空权理论主张,架构起了完整的理论系统,引起军事领域极大的轰动。

战争的新形式

在杜黑看来,飞机技术用于战争,不仅将会引起战争形式的革命,而且将会出现新的战争领域——空中战场。他写道:"航空为人类开辟了一个新的活动领域——空中领域,结果就必然形成一个新的战场。"他还继续指出:"我曾坚持,并将继续坚持,在

杜黑一直强调制空权是施展于空中,能够超越地面的武力,足以使海面与陆面武力屈服。

未来战争中空中战场是决定性战场。""因为如果我们在空中被击败,那么不管地面和海上情况如何,我们将最终战败。"从这个意义上说,制空权将变得和制海权同等重要,正如以往陆军和海军一样,在经济力量限度内争夺优势的竞赛也将在空中领域中开始。杜黑认为,制空权能占领新的优势:防止一国领土、领海不受敌人空中进攻,因为敌人已无力发动进攻;使敌人领土暴露在我方空中进攻之下,能对敌人的抵抗还以直接可怕的打击,因为敌人已不能在空中活动;能保护本国陆军、海军基地和交通线,相反却威胁敌人的这些方面;阻止敌人从空中支援其陆、海军,同时保证了对我方的陆、海军给予空中支援。

独立空军

杜黑认为:"为了保证国防,一个国家所做的一切都应当为着一个目标,即在一旦发生战争时掌握最有效的手段夺取制空权。"因此,他明确提出了与意大利以及其他许多国家国防策略格格不入的,甚至是严重对立

英国"维克斯"F.B.5是第一次世界大战中一种主要的歼击机型,由英国研制,生产于1917年。这架飞机的动力装置是1台9缸旋转气缸式发动机,推动力为100马力,最大时速为113千米每小时,装备有一挺7.62毫米的机枪,重为930千克。

在争夺制空权上,杜黑过度强调轰炸机的作用,但实际战斗机才是制空权的核心。

两条原则成为独立空军作战的基本原则。在回答如何对未来空中进攻进行防御的问题时,杜黑说,"用进攻来防御","我曾不止一次地强调空军具有突出的进攻特性……空军最好的防御就在于进攻,而且程度更重。"因为空军的特性就是进攻,空中使用兵器在防御上没有价值,空军完全不适于防御。

的观点,即"除非拥有一支在战争中能夺取制空权的空军,充分的国防才可能得到保证。"因此,他用"独立空军"一词概括了这个新的军种,这种空军的主要使命是在独立于传统陆上、海上战场的全新的空中战场执行夺取制空权的任务。他主张独立空军应该由突击敌人地面或海上目标的轰炸队和对付敌方抗击的空战队组成。他坚决反对组建配属于陆军和海军部队的航空兵部队,认为这种部队"无用、多余且有害无益"。同时,他也极力反对发展防空力量,认为这种防御性的措施不仅徒劳,而且还将有损于独立空军的建设。

空中作战

杜黑在《制空权》中还论述了独立空军空中作战的原则:"独立空军永远应集中使用",必须尽可能地强大,避免任何兵力的分散;独立空军"要在准备承受敌人空中进攻的同时对敌人进行最大可能的进攻"。这

空战的组织

在论述了空军的作战原则之后,杜黑还阐述了关于空中力量组建的问题。"制空权除了依靠一支强大的空军外是无法夺取的",为了保证有效地夺取制空权,空军应该由轰炸机、战斗机和少量侦察机组成。为了获取最大效果,空军力量应同陆、海力量充分协同作战,并能相协调,在作战中必须有一个权威机构成为三军最高指挥部,协调它们的作战行动。杜黑理论由于大胆预见,赢得了世界性的影响,成为空军发展史上的里程碑。

◀ 兵器简史 ▶

今天的制空权概念已非杜黑时代完全传统意义的制空权概念。今天的制空权是与一定程度的制电磁权乃至一定程度的制信息权、制天权融为一体的控制权。因为,虽然战争实践说明制空权掌握的程度越高,战争就越顺利,但是取得全面的制空权是不可能的,只能取得相对的制空权。

兵器知识

> 德国飞行员波尔克号称"空战之父"
> 德国He-178世界上第一架喷气式飞机

飞机的发展 »

自从飞机进入到军事领域并且越来越受到重视之后，飞机的发展速度就快得惊人，世界各国的军方都倾注了大量的人力和财力来加紧研究、制造和改进飞机，以使它更加适用于空中作战的需要；另一方面，飞机也进入到了非军事领域，成为了人类新的交通工具和运输工具，为人类更加便捷的活动提供了新的方式。

活塞式军用机

1915年，世界上第一架歼击机——法国的"莫拉纳—桑尼埃"问世，拉开了飞机用于军事领域的帷幕。上个世纪20年代中后期，美国、苏联都采用从侦察机改型的方式来发展强击机。1926年7月，美国正式批准大规模使用第一种强击机——A-3，两年后苏联首次研制出了P-Z型强击机。1914年，俄国首先研制出了"伊里亚·穆罗麦茨"型轰炸机，同一时期，英、法、德、意等国分别研制出了V/1500、"渥衣辛"式、"哥达"式、"卡卜罗尼"式轰炸机。第一次世界大战后，

有些国家把部分作战飞机改成了运输机。1919年8月，英国建立了空中运输机构，使用的DH-4A飞机就是由DH-4轰炸机改造而成的。这些飞机都属于活塞式飞机，到了20世纪20年代，这种活塞式飞机达到全盛时期，并得到了广泛的使用。

喷气式军用机

到了第二次世界大战末期，活塞式飞机的飞行速度最大达760千米/每小时，之后就很难再超越这个飞行速度值了。这是因为飞机的飞行速度接近音速时，飞机的机身、机尾、机翼等部位会产生激阻，增大了阻力，从而形成了波阻。经过反复地研究发现，只有采用喷气式发动机时，它所产生的推动力能够克服激波阻力，进行高速飞行。另外，喷气式发动机的体积小、重量轻、有利于改进飞

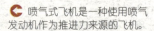
喷气式飞机是一种使用喷气发动机作为推进力来源的飞机。

波音747，又称为"珍宝客机"，是一种双层客舱四发动机民用飞机，是全世界首款生产的宽体民航客机，由美国波音民用飞机集团制造。波音747大小是20世纪60年代被广泛使用的波音707的两倍，它于1970年投入服务，保持全世界载客量最高飞机的记录长达37年。

兵器解密

机的气动设备。1935年，德国海因克尔和容克两家飞机公司开始涡轮喷气发动机的研制工作，并于1939年8月将HesoB3发动机装于He-178飞机上，实现了世界上第一次真正的喷气动力的飞行。之后，美国和苏联相继研制出了F-80喷气式战斗机和F-84、F-86等高亚速喷气式战斗机，以及米格-19等实用超音速战斗机。

民用飞机有"空中客车"之称

未来军用机

20世纪50年代以来，美国和苏联又进行了F-14、F-15、F-16、F-18和"拉明"K、"拉明"L等第三代超音速战斗机的研制。近十几年，军用飞机有了新的发展趋势：为了减少或者摆脱对机场的依赖，飞机将向垂直短距起落方向发展；无人驾驶飞机在军事上的应用将逐步扩大，有可能应用到对地攻击以及空战当中；在机载设备中，电子对抗系统将具有更为重要的地位；在军事飞机的设计方面，进一步重视改进机体外形，大量采用非金属材料等隐身技术等等。这些未来的军用飞机更加注重作战性能要求，具备了极强的打击力、生存能力和快速反应能力。

民用飞机

早期，飞机并没有军用和民用之分，第一次世界大战结束后，为战时需要而大量生产的飞机失去了用武之地，为了充分利用它们，对这些飞机做了一些简单地改装就用于运输邮件、货物和旅客了。1919年，德国用AEG侦察机改成民航机，航线是柏林至魏玛，飞机上可以乘坐2名旅客。第二年法国将"高利维斯"重型轰炸机改成民航机，可以乘坐15人。1933年，美国首次研制成功了全金属旅客机波音247，开创了波音旅客机的先导。1940年波音307同温层航线旅客机开创了高空航行的先例。1952年英国设计成功了世界上第一架喷气旅客机"彗星-1"号，民用飞机进入到了喷气时代。

◀▶ 兵器简史

1914年，美国佛罗里达州的两个小城市——圣彼得斯堡和坦帕，因为海岸的阻隔交通极不方便，于是人们想到用飞机沟通的方法。1月，两城市之间开通了世界上第一条定期民航客机航线，从而标志着民航事业的开始。

> 俯冲轰炸战术由英国皇家空军最先开创
> SBD"无畏"俯冲轰炸机活跃于太平洋战场

空袭珍珠港 》》

第二次世界大战进行到 1941 年,日本法西斯势力的嚣张气焰并没有退却,反而更加地猖狂。为了抑制日本的侵略扩张势头,美国冻结了对日经济贸易,并且大量削减战略物资的供应,这就使深陷中国战场的日本军队更加艰难。于是,日本制订了一个偷袭计划,不仅可以报仇解怨,而且可以控制太平洋地区,这个计划就是"空袭珍珠港"。

山本的计谋

山本五十六是日本海军联合舰队的司令官,他在 1941 年 1 月 7 日写信给海军大臣及川古志郎,正式提出了偷袭珍珠港的设想,之后就和几个参谋一起秘密制定了"Z"作战方案。6 月,方案正式提出后,曾在日本上层引起争论,很多人都不相信庞大的舰队能横渡 6482 千米而不被发现,对这一计划的可行性表示怀疑。山本固执己见,甚至以辞职相要挟,军令部总长永野修身大将最终于 10 月中旬批准了这个计划。于是,山本指挥联合舰队选择了与珍珠港相似的鹿儿岛湾,开始在那里充分地准备和严格地模拟训练。

诡计多端

经过一系列严格的训练后,山本认为军队已经准备就绪,决定开始实施计划。1941 年 11 月 26 日,日本海军一支由 6 艘航空母舰为主力的舰队在海军中将南云忠一的指挥下离开日本开往珍珠港,途中舰队一直保持彻底的无线电静默状态。除此之外,日本舰队还派出多艘舰艇和支援力量到北太平洋海域等候待命;另一方面,日本开始假装与美国进行磋商和谈,提供问题的解决方案,从而达到放松美国警惕的目

偷袭珍珠港时,从赤城号航空母舰上起飞的零式战机。

兵器解密

俯冲轰炸机，是轰炸机的一种，以高速俯冲方式攻击敌人的地面或水上目标，活跃于第二次世界大战中。由于载弹量较小，主要被用于战术轰炸，但也可用于战略轰炸。相比同时期的水平轰炸机，俯冲轰炸机的优势在于投弹命中率高，效率也要高出很多。

的。被蒙在鼓里的美国政府拒绝了日本提出的方案，日本当即对美宣战，这时日本的偷袭舰队已经成功驶入珍珠港海域了。

首袭成功

12月7日正巧是星期日，美国太平洋舰队的大部分官兵都上岸度假去了，除了出海的三艘航空母舰和随行的护航军舰外，太平洋舰队86艘军舰都停靠在珍珠港内。清晨6点，日本正式发动了空袭，6点20分第一拨日本空军183架轰炸机和战斗机起飞飞向珍珠港，美军雷达基地的两名值班士兵从雷达上发现了它们，立即向上级汇报，但是并没有受到重视。之后，当日本空袭飞机到达珍珠港上空时，美军依然认为那只是军事演习。很快，随着一阵飞机轰鸣，炸弹从天而降，停机场、弹药库、航舰等都成为了轰炸目标，顷刻间珍珠港变成了一篇火海。突击队指挥官渊田美津海军中佐发出了首

兵器简史

12月7日早晨日本海军偷袭珍珠港，8点05分，高空轰炸机编队攻击了亚利桑那号，一枚炸弹击中了亚利桑那号的4号炮塔，落进指挥官舱并在那儿爆炸。紧接着，另一组高空轰炸机编队向亚利桑那号投弹，炸弹落在前甲板左舷，引爆了2号炮塔右舷下弹药舱。

袭成功的预定信号："虎！虎！虎！"。

顺利返航

在日本俯冲轰炸机和鱼雷轰炸机的猛烈轰炸下，美国战列舰亚利桑那号损伤严重，后因战舰内部弹药库爆炸而沉没。珍珠港内的其他战舰同时还遭受到日本潜艇的进攻，损伤严重。日机的第一次攻击进行了约半个小时，随后在8点50分时，由54架轰炸机、78架俯冲轰炸机和36架战斗机组成的战斗队开始第二轮的轰炸。直到13点30分时，南云才下令日军返航。日本偷袭珍珠港前后历时1小时50分钟，共炸沉美主力舰4艘，重创1艘，炸伤3艘；另外，炸沉和炸伤驱逐舰、巡洋舰等各类辅助舰十余艘，击毁飞机188架，机场全部炸毁，美军官兵死伤4500多名，而日本仅损失29架飞机。

⚲ 美舰亚利桑那号在被日本的炸弹击中之后燃烧了两天。部分残骸已经被打捞上岸，但至今仍有部分残骸沉睡在海底。

> 雷金纳德·米切尔是单翼设计的先驱
> 飓风战斗机在 1935 年 11 月试飞成功

空袭不列颠 》》》

第二次世界大战时期,纳粹德国在占领法国后,便开始着手对付欧洲北部的英国。德国为了避免与英国交战,于是在 1940 年的 6 月向英国发出妥协命令,但遭到英国首相丘吉尔的拒绝。因此,德国策划了针对英国的"海狮计划"。为了保证德军在英国的顺利登陆,德国必须首先消灭英国的空军力量,所以一场大规模的不列颠空战拉开了帷幕。

飓风 Mk1(R4118),是唯一的到现在还能飞行,又参与过不列颠空战的飓风战斗机。

兵力集结

8月初,德国就为大规模的空袭作准备,集结的飞机已达 2669 架,其中梅塞施米特－109 战斗机 933 架,梅塞施米特－110 战斗机 375 架,容克－87 俯冲轰炸机 346 架,容克－88、亨克尔－111 和道尼尔－17 轰炸机共 1015 架。德国空军元帅戈林原定于 8 月10 日发起第一次大规模空袭,并将这天定为"鹰日"。但是到了 8 月 10 日,英国南部地区天气变得非常恶劣,"鹰日"攻击被迫延期。直到 12 日,天气条件才满足空袭要求,戈林下令 13 日发起空袭进攻。

"鹰 日"

由于德国战机飞航距离有限,因此空袭地区主要集中在英国南部。8 月 13 日,由于天气状况仍不理想,部分德军战斗机没有按计划起飞,开局显得有些混乱。全天德军投入 1485 架次,白天突击了英国南部 7 个机场,晚间则攻击英军飞机制造厂。英军面对德军的进攻,出动了 727 架次迎战,在波特兰和南安普敦的空战尤为激烈,德军在第一天有 47 架飞机被击落,80 余架被击伤,而英

喷火式战斗机是英国早期战斗机，是当时最先进的战斗机。这种战斗机采用单翼结构、全金属承力蒙皮、铆接机身，可收放起落架、变矩螺旋桨和襟翼装置，机身较为小巧，只能乘坐一名飞行员。

军仅损失12架"飓风"和1架"喷火"，机场遭受的损失显得微不足道。

"黑色星期四"

8月14日，天气依旧是阴云密布，德军仅进行了小编队的零星袭击。8月15日，原本乌云密布的天气突然转晴，德军果断下令出击。德军第二、第三航空队几乎是倾巢而出，第五航空队也首次派出飞机参战，这样德军从南北两个方向同时展开攻击。北面的第五航空队认为英军在东北地区防御比较空虚，只派出了少量战斗机，不料遭到英军的迎头痛击，损失惨重。在英国南部的激战中，德军发动了四个轮次的空袭，猛烈轰炸了英军五个机场和四个飞机制造厂，英军先后投入22个战斗机中队，全力抗击。战斗一直持续到天黑，全天德军出动约2000架次，被击落75架，英军出动974架次，损失55架。这天是不列颠之战开始以来最激烈的一天，被称为"黑色星期四"。

不列颠空战是第二次世界大战中规模最大的空战之一。

真正意义上的"战略轰炸"始于中国战场，侵华日军从1938年2月28日起至1943年8月23日对中国战时陪都重庆进行了长达5年的战略轰炸。据不完全统计，5年间日本空军对重庆轰炸218次，出动9000余架次飞机，投掷炸弹11500枚以上。

空袭伦敦

8月24日起，空袭进入到决定性的阶段。这天，12架迷航的德军轰炸机飞临伦敦，在市中心投下炸弹。第二天英国空军出动81架轰炸机空袭柏林，以报仇雪恨。之后，英军又两次空袭柏林，被激怒的希特勒决定空袭伦敦。9月6日晚，德军出动68架轰炸机首次轰炸伦敦。9月7日，德军625架轰炸机和648架战斗机飞向伦敦，投下了300吨炸弹和燃烧弹，天黑后又有250架德机来袭，空袭从晚上8点一直持续到了清晨，毫无防备的英军损失惨重。之后，英军面对德军"恐怖轰炸"越战越勇，继续抗击，在接下来的几个月，德军的损失与日俱增，再也经受不起空战的消耗，于1941年6月转而进攻苏联，不列颠空袭才宣布结束。

> P-51D是"野马"家族中名气最大的一位
> 美国B-17轰炸机被誉为"飞行堡垒"

轰炸柏林 >>>

第二次世界大战中，随着反法西斯力量的不断壮大，纳粹德国再也没有反击的机会了，而且逐渐地走向了绝路。为了彻底地消灭德国法西斯势力，反法西斯联盟国家决定对德国发起大规模的进攻，柏林作为希特勒的"老巢"成为了盟军的首要袭击目标。1943年年初，英、美首脑在卡萨布兰卡举行会议，决定对德国实施大规模的空中轰炸。

"蛾摩拉战役"

会议过后，英国空军指挥官就接到了"给予德国工业区最猛烈的轰炸"的命令。英军将轰炸目标再一次锁定在了德国第二大城市——汉堡，并把这次空袭取名为"蛾摩拉战役"，其目的是彻底摧毁汉堡并使之化为灰烬。1943年7月底到8月初，美、英盟军对汉堡进行了连续3天4夜的密集轰炸，共出动近3000架重型轰炸机，向城市人口密集区共投弹约1万吨，大部分是燃烧弹。汉堡成了火的海洋，火势形成炽热气柱，高达4000米，滚滚浓烟甚至渗入到了飞机的机舱里。此后，8月17日，美国集中363架重型轰炸机试图轰炸位于施韦因富特的轴承厂，但因为没有战斗机的掩护，损失惨重，60架"飞行者"被敌人歼灭，这使美军明白了没有战斗机的掩护，轰炸是不可能取得胜利的。

德国的困境

终于到1944年年初，盟军解决了根本问题："飞行者"轰炸机有了"野马"歼击机的掩护。而这时，德军的空中防御系统已崩溃，王牌飞行员所剩无几，而新飞行员又不能及时补充。尽管如此，盟军仍不敢掉以轻心，因为1944年德国军火总产量再次达到高峰。从4月起，盟军的战略轰炸短暂地起到了作用，小城埃森便是战略轰炸的成果。

P-51战斗机，绰号"野马"，隶属美国陆军航空队，是第二次世界大战中最著名的战斗机之一。

P-51战斗机是"二战"主力战斗机中综合性能最出色的机型，采用与P-40相同的液冷发动机，但修改了进气方式，降低了空气阻力，并采用了层流翼设计来强化高速性能。它是美国海、陆两军所使用的单引擎战斗机当中航程最长的机型，承担着战略轰炸护航任务。

兵器简史

P-51型"野马"战斗机诞生于第二次世界大战之中。1940年春，英国派出一个飞机采购团向美国订购战斗机。美国北美飞机制造公司经过120天的研制，终于为英国制造出了一款新式战斗机，并于10月26日试飞成功。新机服役编号定为P-51，英国人给它取名为"野马"。

到了1944年年底，德国铁路已被盟军炸得完全瘫痪，燃料产量也由5月的31.6万吨急剧下降到9月的1.7万吨，根本无法供给德国空军和坦克师，使德空军和地面部队无法动弹。绝望的德军于12月在阿登地区奋力反攻、垂死挣扎，但最终以失败告终。

德累斯顿初袭

1944年秋，随着作战经验的增加，盟军飞机损失越来越少，重型轰炸机和战斗机的掩护实力大大加强，对柏林、斯图加特、达姆施塔特、弗赖堡等德国城市再一次进行了最猛烈的袭击和轰炸。1945年2月中旬，德累斯顿之战达到了阶段轰炸的最高峰。由美国陆军航空队第八航空军执行的轰炸德累斯顿战役本该始于2月13日，但欧洲上空恶劣的天气阻碍了美军采取军事行动，以至于轮到英国皇家空军轰炸机来启动初袭行动。2月13日晚间，796架兰开斯特轰炸机和9架德·哈维兰蚊式轰炸机分两拨遣往德累斯顿，先后扔下1478吨高爆炸弹、182吨燃烧弹，轰炸一直持续到2月14日早晨五六点钟。

德累斯顿

2月14日12点17分至12点30分，311架美国B-17轰炸机以铁路调车场为瞄准点，在德累斯顿投下771吨炸弹，部分担任护航的P-51野马战斗机得到命令，环绕德累斯顿对路面交通设施进行低空扫射。美军的轰炸一直持续到2月15日，投掷了466吨炸弹，使整个地区陷入一片火海。之后，美国陆军航空队对德累斯顿铁路调车场又发动了两次深度空袭。第一次在3月2日，406架B-17s型轰炸机投下940吨高爆炸弹与141吨燃烧弹；第二次在4月17日，580架B-17s轰炸机投下1554吨高爆炸弹与164吨燃烧弹。继德累斯顿之战后，英军又成功炸毁了维尔茨堡、拜罗伊特、乌尔姆等一些古老的德国城市。1945年3月初，英国首相丘吉尔终于下达了停止战略轰炸的命令，柏林轰炸终于结束。在这次轰炸中，美英联合空军共对柏林发起13次大规模空袭。

波音B-17飞行堡垒是美国制造的最著名的重型轰炸机，在柏林轰炸中发挥了重要作用。

兵器知识 > B-29轰炸机被世界誉为"超级空中堡垒"
美国柯蒂斯·李梅将军被称为"冷战之鹰"

东京大轰炸 >>>

东京大轰炸是第二次世界大战期间,1945年美国陆军航空队对日本首都东京实施的一系列大规模战略轰炸。这次空袭又被称为"李梅火攻"。美国对日本的战略轰炸也引起了对使用燃烧弹的道德讨论,但这次轰炸却为提早结束"二战"起到了重要作用。

空投燃烧弹

1945年1月,柯蒂斯·李梅少将被任命为美国第21轰炸机部队的司令。2月19日,美国第20航空军的指挥部发出命令,命令将"试验性"燃烧弹空袭提到优先位置执行

⟳ 向日本本土投弹的 B-29 编队。

的新命令。于是,美国空军在1945年2月23日至24日首次对日本东京采取了大规模的燃烧弹攻势,当晚,174架B-29轰炸机在东京抛下大量凝固汽油弹,把东京约2.56平方千米的地方焚毁。这次空袭成功,更坚定了李梅实施大规模夜间火攻的决心。

夜间火攻

日本的军事工业是散落式排布,军用零部件和预制件的生产大都散落在居民区里,为了达到摧毁日本工业的目的,李梅决定对东京展开夜间火攻。他对空袭作了战术上的变化,重点对飞机进行了改造,拆除了轰炸机上所有的枪炮、炮塔以及弹药,只留下尾机枪手,以减轻 B-29 的重量,以携带更多的燃烧弹。夜间轰炸开始后,他下令轰炸机在 1.7 千米到 2 千米低的高度间展开作战。为避免不必要的伤亡,空袭时各轰炸机单独轰炸而不进行编队,由前面的轰炸领导机首先投弹,引入目标区,后面的尾随机再进行大规模的投弹。李梅的计划使夜战装备不足的日军手足无措。

燃烧弹，又称纵火弹，是装有燃烧剂的航空炸弹、炮弹、火箭弹、枪榴弹和手榴弹的统称。它主要用于烧伤敌方有生力量，烧毁易燃的军事技术装备和设备，对易燃目标造成的破坏效能比爆破炸弹高十几倍。

兵器解密

重火力轰炸

3月9日至10日，美军派出334架B-29轰炸机从马利亚纳群岛出发，再次使用凝固汽油弹对东京进行持续2小时的轰炸，每架飞机均携带6吨至8吨燃烧弹，燃烧面积可达6500平方米。0点15分，两架导航机到达东京上空，在预定目标区下町地区投下照明弹，紧接着投下燃烧弹，为后续飞机指示目标。随后大批轰炸机以单机间隔依次进入投掷燃烧弹，火势迅速蔓延开来。当晚东京出现火灾旋风(即大火造成的灼热气浪与冷空气强劲对流而形成的风)，334架B-29共投下了超过2千吨燃烧弹，产生的高温足以使区内所有可燃物(包括人体)烧着，造成近4万人死亡，近41平方千米的地方被焚毁，东京约有四分之一被夷为平地，计划中的22个工业目标全部摧毁，26.7万多幢建筑付之一炬，上百万人无家可归，83793人被烧死，10万人被烧伤或呛伤。空袭中有9

B-29不单是"二战"时各国空军中最大型的飞机，同时也是当时集各种新科技于一身的武器之一。

架B-29被击落，5架负重伤并在海面迫降，其余42架飞机返回了基地。

三地轰炸

轰炸东京后不到30小时，美军又派出280架B-29轰炸机夜间低空轰炸了名古屋，共投掷了1700吨的燃烧弹，引燃了数百处大火。这次轰炸并没有造成如东京般的大毁灭，战斗中美军损失了1架轰炸机，24架战斗机受到了轻重不一的损伤。13日，美军又派出300架B-29轰炸机对日本第二大城市大阪进行了轰炸，由于云层的掩盖，274架B-29轰炸机实施了雷达投弹，共使用了1700吨燃烧弹。这次空袭中，损失了2架B-29，损伤飞机有13架。16日，美军夜袭了日本神户，307架B-29在这座城市里投下了2300吨燃烧弹，摧毁了当地的造船中心。3月19日，美军下令让290架B-29执行二次轰炸名古屋的任务，名古屋变得破败不堪。

兵器知识

> 美国于 1945 年试爆了第一枚原子弹
> 1952 年 11 月美国实现了氢核聚变爆炸

广岛核爆 >>>

1945 年夏,日本败局已定。美国、英国和中国联合发表了《波茨坦公告》,敦促日本投降。但是,7 月 28 日,日本政府拒绝接受《波茨坦公告》。美国总统杜鲁门和美国政府想尽快迫使日本投降,也想以此抑制苏联,于是选定日本东京、京都、广岛、长崎、小仓等城市作为投掷原子弹的备选目标。8 月 6 日美军首先对日本广岛投掷了原子弹。

轰炸计划

1945 年 5 月 8 日德国投降后,日本依然在太平洋战场上负隅顽抗。7 月 16 日美国成功爆炸了第一颗原子弹。此时,以美国陆军部长史汀生为首的临时委员会和参谋长联席会议认为:虽然日本败局已定,但其陆

👉 "小男孩"在广岛爆炸所产生的巨大的蘑菇云。

军在本土尚有 200 万—300 万人,在中国还有同样数量的兵力,其空军尚存各型飞机 6000—9000 架,而且日本大本营正在积极准备"本土决战",美军登陆日本将付出巨大的代价。如果美国使用原子弹迫使日本丧失抵抗意志,不待美军登陆就投降,这样就可以避免 50 万美国人丧生。于是,史汀生与临时委员会一起向杜鲁门总统提出建议,尽快使用原子弹轰炸日本,能达到军事和非军事的双重目的。核突袭的具体目标拟定为广岛、长崎和小仓。杜鲁门思量再三终于采纳了史汀生的建议,决定对日本进行核突袭。于是,美国陆军航空兵的核突击部队——第 509 混合大队被派往太平洋的提尼安岛执行这次非同寻常的任务。

轰炸准备

第二次世界大战中的广岛与现在不同,当时的广岛是日本本土防卫军第二总军的司令部所在地,也是日本主要的军事重地。因此,它首先成为了美国投掷原子弹的目标。美国为投向广岛的这颗原子弹取名为

"小男孩"原子弹的外貌。"小男孩"是人类历史上首次参与轰炸的核武器。

抵离目标约 24 千米的预定投弹识别点，途中未遭遇任何炮火袭击，也没有敌机起飞拦截。他们俯瞰广岛，只见工厂上空清烟袅袅，水面上船舶蠕动。就在这时，他们找到了预定瞄准点——广岛市中心的"T"字形大桥。

于是，蒂贝茨提醒他的同伴"小男孩"。"小男孩"采用的是枪式结构，弹重约 4100 千克，直径约为 71 厘米，长约 305 厘米，核装药为铀 235，爆炸威力约为 14000 吨 TNT 当量。这颗原子弹的威力之大，足以夷平整个广岛。8 月 1 日准备执行原子弹突袭任务的 B-29 机组人员进行了最后一次演习。8 月 2 日，第 20 航空队司令特文宁中将下达作战指令，命令 7 架 B-29 型轰炸机组成突击队，执行"13 号特别轰炸任务"，对日本实施首次原子弹突袭。其中 1 架为载有原子弹的轰炸机，由大队长蒂贝茨上校亲自驾驶；1 架为装有精密测量仪的观测机，由中队长斯韦尼少校驾驶；1 架装有高级照相机的侦察机，由马夸特上尉驾驶；3 架担任直接气象侦察任务，提前抵达目标区上空。另外，还有 1 架 B-29 作为原子弹载机的备用机，在硫磺岛机场待命。

"注意，戴上防护镜，各就各位，做好最后准备。"突击队准备就绪。8 点 15 分，他们抵达目标瞄准点上空。观测机上的测量操作手做好了测量准备，原子弹载机上的投弹手向各机发出了 30 秒投弹准备信号，并打开了弹舱门。信号一结束，"小男孩"跳出弹舱。此时，斯韦尼少校在蒂贝茨的右翼，间隔至多 10 米，他亲眼目睹"小男孩"跳舱的

蒂贝茨，美国空军的一位将领，以驾驶艾诺拉·盖号轰炸机在广岛市下了原子弹而闻名。

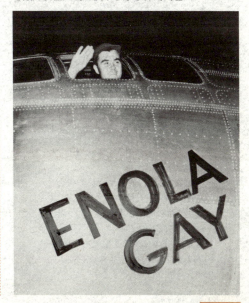

投掷"小男孩"

8 月 6 日上午 7 点 30 分，蒂贝茨上校接到前方气象侦察机发回的电讯，广岛上空的云量为"二"，"目标清楚"，完全适于目视轰炸预订的目标。于是，他当机果断决定轰炸按照原计划进行。8 点 12 分，蒂贝茨驾机飞

→ 艾诺拉·盖 (Enola Gay)，在日本广岛市上空投掷下"小男孩原子弹"的飞机。

身影。蒂贝茨和他的同伴们投掷完成后，赶紧调转机头，加速撤离现场。"小男孩"像一个幽灵，徐徐下降。45 秒钟后，原子弹在距离地面 600 米空中爆炸，立即发出令人眼花目眩的强烈白色闪光，广岛市中心上空随即发生震耳欲聋的大爆炸。顷刻之间，城市突然卷起巨大的蘑菇状烟云，接着便竖起几百根火柱，广岛市马上沦为焦热的火海。

严重后果

原子弹爆炸的强烈光波，使成千上万人双目失明；10 亿℃的高温，把一切都化为灰烬；放射雨使一些人在以后的 20 年中缓慢地走向死亡；冲击波形成的狂风，又把所有的建筑物摧毁殆尽。处在爆心极点影响下的人和物，像原子分离那样分崩离析。离中心远一点的地方，可以看到在一刹那间被烧毁的男人和女人及儿童的残骸。更远一些的地方，有些人虽侥幸还活着，但不是被严重烧伤，就是双目被烧毁。在 16 公里以外

兵器简史

1942 年以前，德国在核技术领域的水平与美、英大致相当，但后来落伍了。美国的第一座试验性石墨反应堆，在物理学家 E·费密领导下在 1942 年 12 月建成并达到临界；而德国采用的是重水反应堆，生产钚 239，到 1945 年年初才建成一座不大的次临界装置。

的地方，人们仍然可以感到闷热的气流。当时广岛人口为 34 万多人，靠近爆炸中心的人大部分死亡，当日死者共计 8.8 万余人，负伤和失踪的为 5.1 万余人，这些数字还不含军人，据估计军人伤亡在 4 万人左右。全市 7.6 万幢建筑物完全被毁坏的有 4.8 万幢，严重毁坏的有 2.2 万幢。总之，核爆带来的后果是极其惨烈的。

出兵长崎

美国首袭广岛成功后，英国杜鲁门总统立刻发表声明，敦促日本政府立刻无条件投降，不然将采取更为严重的空中毁灭。同时，美国第 21 轰炸航空兵联队司令李梅将军又再次下令，于 8 月 7 日和 8 日先后派出 152 架和 375 架 B-29 轰炸机，对日本城市发起西新的一轮袭击，但日本政府仍无意投降。为此，美国当局决定 8 月 9 日对日本实施第二次原子弹袭击，目标选定为长崎。此次任务由 5 架 B-29 轰炸机组成的突击队执行，任务代号为"16 号特别轰炸任务"。斯韦尼少校驾驶载有原子弹的"博克斯卡"号轰炸机，机上增加了 3 名核武器专家，负责原子弹引爆系统的安全保险工作；博克上尉

原子弹的威力通常为几百至几万吨级TNT当量，有巨大的杀伤破坏力。它可由不同的运载工具携载而成为核导弹、核航空炸弹、核地雷或核炮弹等，或用作氢弹中的初级，为点燃轻核引起热核聚变反应提供必需的能量。

驾驶"大技师"号观测机；霍普金斯中校驾驶"大斯廷克"号照相侦察机；88号飞机和95号飞机负责气象侦察任务。

"胖　子"

第二颗原子弹代号为"胖子"，采用复杂的"内爆法"引爆系统，这种引爆系统不能在空中安装，必须在执行任务之前，在地面上的一个特殊的绝密车间里由专家组装。这就意味着，斯韦尼少校的"博克斯卡"号飞机必须载着安装好引爆系统的核弹上天，危险度极高。为了确保投弹的万无一失，美国当局首先在8月8日的时候进行了一次模拟核弹空投演习，并且达到了预期的效果。于是美国当局决定，对长崎的核袭击一切按照计划进行。

核袭长崎

8月9日，当地时间2点56分，斯韦尼少校驾机载着完全处于启动状态的"胖子"，从提尼安军事基地起飞，博克驾驶侦察机尾随其后。10点50分，他们飞临长崎上空，发现在1800～2400米高度，云量为"八"，只能进行雷达轰炸。几分钟后，他们从西北方向进入投弹识别点。30秒钟的投弹信号响了，弹舱门打开，就在20秒钟时，投弹手目光穿过云层裂隙，看到下面不是第一个轰炸目标——三菱

重工业公司长崎造船厂，而是第二个轰炸目标——三菱重工业公司长崎兵器制造厂，便立即改用目视轰炸，于当地时间10点58分将"胖子"投出了舱外。弹舱门"咯嗒"一声锁上后，斯韦尼立即驾机飞离现场。"胖子"跳出弹舱后，穿云直下，于当地时间11点01分在离地500米空中爆炸了，顿时形成了一个闪烁的火球。在长崎投掷的原子弹爆炸后形成的蘑菇状云团，爆炸产生的气流、烟尘直冲云天，高达19千米多，吞并了整个长崎。原子弹所造成的人员伤亡和城市毁灭的场景更是惨不忍睹。据统计，长崎市60%的建筑物被摧毁，伤亡86000人，占全市总人口的37%。1945年8月15日，在长崎遭受原子弹轰炸的第6天，日本终于宣布了无条件投降，第二次世界大战至此降下了帷幕。

🔄 "胖子"原子弹的模型。"胖子"是人类历史上对人类第二次使用的核武器，也是至今为止最后一次对人类使用的核武器。

战斗机

战斗机是军用飞机中装备数量最多、应用最广、发展也最快的机种。在现代战争中,战斗机一马当先,冲锋陷阵,是战略部署的主力部队,因而被人们称为"蓝天上的神翼"。在经历了一百多年的战火洗礼后,战斗机先后经历过四次更新换代。每一次更新换代,战斗机都获得了一次大的飞跃,飞机的性能都得到了进一步的提高,战斗力大大加强,成为了夺取制空权的强力武器。从活塞式到喷气式,战斗机的换代标志着航空技术的一次次新的飞跃。

最早发明喷气式飞机的是德国
英国E28/39是英国第一架喷气式飞机

兵器
知识

战斗机的发展 >>>

战斗机，又被称为歼击机或驱逐机，是军用飞机中的一种重要类型，也是军用飞机中最早出现的类型。战斗机的主要任务是与敌机展开空战，夺取空中优势，其次可以拦截敌方的轰炸机、攻击机和巡航导弹，具有机动性好、速度快、空战能力强的特点。战斗机可以主动出击，攻击敌人的地面目标，保护我方的攻击机，对战争具有重要的贡献。

早期战机

1915年4月1日罗兰·加洛斯驾驶装备了"偏转片系统"的"莫拉纳—桑尼埃"L型飞机击落了一架德国侦察机，取得了战斗机空战的第一次胜利。随后，德国外号"信天翁"福克E3式飞机由于装备了性能更好的"机枪同步射击"装置，以其优异的飞行性能和更猛烈的火力，成为第一次世界大战中性能最好、击落飞机数量最多的战斗机，因此被称为"福克的灾难"。这个阶段的战斗机还处在萌芽期，结构多以木材加上布料蒙皮构成，机翼从单翼到三翼都很常见，主要的武器多半改自陆军使用的轻机枪。英国曾经使用火箭对付盘踞在英国城市上空的德国飞船。在对付地面目标上，早期的飞机炸弹是由手榴弹或者是小型炮弹稍加改良而来，由机上的成员以手掷的方式瞄准释放，投掷准确度不高，破坏力也低。到第一次世界大战结束时，战斗机的基本形态大致上已经确定了下来：以小型机为主，强调运动性，要有向前射击的固定装置。

夜间战斗机

第一次世界大战期间，欧洲已经出现在夜间利用轰炸机对敌人城市目标进行轰炸的战争手段。到了20世纪30年代，这种战争手段成为各国思考夜间拦截可行性的重要来源。英国与德国是最早在这方面进行研究投入的国家，稍后加入的

夜间战斗机机头突出的部分是其几乎不能缺少的雷达天线。

米格-9是苏联研制出的首批喷气式战斗机之一。米格-9的喷气发动机位于机身下部，机翼为平直中单翼，头部装有三门机炮，炮管伸向机身外。1946年4月24日首飞成功，成为前苏联最早的喷气式战斗机。米格-9服役时间不长，1952年米格-15服役时就退役了。

还有美国、日本、苏联、意大利等。最早的夜间战斗机是以单发动机的战斗机直接改装之后执行任务，需要利用地面的探照灯、雷达、对空监视网和管制站的协助进行拦截。由于欠缺辅助器材和起降的难度，使得单人操作的夜间战斗机容易出现任务损伤，发现敌机的比例不高。为了解决这个问题，采取了相应的措施：在机场与飞机上加装相关的飞行辅助设备，加强夜间起降训练，并且改以多人多发动机的机种取代，这些机种包括轻型轰炸机或是双发动机的重型战斗机等等，夜间战斗机技术更加趋于成熟了。

🛬 舰载机泛指由水面舰艇携带，需要时从携带的舰艇上起飞执行任务的军用飞机。

舰载战斗机

第二次世界大战使舰载机开始普遍，并且在海上作战中扮演重要的角色。舰载机除了担任火炮观测之外的任务，也用于执行巡逻、轰炸、攻击、争夺制空权等任务。在航舰上操作的战斗机不仅有机会和敌对阵营的同类型飞机交战，还有可能面对更为轻巧的战斗机。为了在航空母舰上操作，对舰载战斗机的结构进行了加强，重量重于普通战斗机，所以性能比陆地战斗机稍差，这些

方面是舰载机先天不足的地方。"二战"时期大量使用舰载战斗机的有日本、英国和美国，其中日本和美国在太平洋地区以航空母舰上的航空兵力进行过大规模的作战。

喷气时代

随着航空技术的不断发展，人们对军用机的飞行速度有了更高的要求，而活塞式飞机的飞行速度已经达到极值，想要取得更快的速度必须更换发动机，因此替代推力的研发在许多国家相继展开，其中尤其以德国与英国的脚步较快，他们以各自的技术开发出第一代喷气发动机并且在第二次世界大战结束前让喷气式战斗机正式服役。美国、苏联、日本对于喷气式战斗机的研发则起步较晚，在得到德国的飞机样品后才着手制造。喷气式发动机为战斗机提供了新的推动力，使战斗机的速度有了飞跃性的提高。

兵器知识 > "零"式战机的全称为"零式舰上战斗机"
日本"神风突击队"是空中自杀性敢死队

P-38 战斗机 >>>

P-38战斗机,外号"闪电",是美国洛克希德公司研制的第一批军用飞机。P-38战斗机是美国在第二次世界大战中著名的战斗机之一,该机主要活跃于太平洋战场上,它创造的最著名的战绩就是在布干维尔岛上空击落了日本海军司令山本五十六的座机。由于当时各国飞行员对于性能良好的P-38战斗机又恨又惧,形象地称它为"双身恶魔"。

🎧 P-38"冰姑娘"是美国参加第二次世界大战后飞往欧洲的6架P-38战斗机中的一架

P-38 的诞生

20世纪30年,鉴于世界局势的不断恶化,美国国会召开会议,同意拨款建立一支新的航空部队,同时,还意识到开发新型战斗机是当务之急。对于新型战斗机,美国政府提出了新的要求:较高的速度标准;流线形的外观;可以收放自如的起落架;闭式座舱;全金属下单翼等等,并且认识到了重型火力的重要性,要求对第一次世界大战中两挺机枪打天下的战斗机进行升级。经过美国军方的慎重考虑,美国政府决定将这一研制任务交给洛克希德公司负责,于1937年签署了研制合同;1938年开始研制;1939年1月制出第一架飞机,并试飞成功。这架战斗机并不十分理想,在速度方面它没有达到

⚫ P-38式无武器侦察型飞机——F-5B

预期的目标，于是洛克希德公司在发动机上对它进行了改进，终于完成了速度上的提升。1941年3月美国陆军航空队接收到了第一批交付出厂的P-38型战斗机，P-38战斗机正式开始服役。

不俗的性能

P-38的与众不同之处在于采用了双尾撑布局，样子看起来和海中凶猛的双髻鲨一样丑陋。两台艾利逊公司 V-1710 系列液冷活塞发动机分别安装在双尾撑的前端，尾撑中段设有涡轮增压器及其大型进气开口，尾撑末端是左右各一个椭圆形垂尾，两个垂尾之间装有矩形共用平尾。一副梯形平面形状的中单翼连接了左右尾撑，机身采用水滴形驾驶舱。机头前部集中安装1炮4枪的射击武器。前三点式起落架可完全收入机身及尾撑中，着陆时可从机翼上放下后退式襟翼，以改善滑跑性能。由于P-38的速度高达640千米/小时，导致有时出现空气的"压缩效应"(空气在高速飞机前面堆集起来影响操纵性能)，所以在早期的飞行试验中，洛克希德公司损失了好几位驾驶员。主设计师约翰逊通过做风洞吹风试验，才最终找到了防止产生压缩性效应的方法，使飞机趋于完美。

战场雄姿

1942年年初，一架由P-38改型的F-4侦察机出现在西南太平洋上空，这是P-38在战场上第一次亮相，接着P-38陆续投入到欧洲战场。在8月的冰岛防御战中，P-38第一次参加空战，在大西洋的上空击落一架德军FW200大型海上巡逻机，这也是第二次世界大战中美国陆军航空队击落的第一架德国飞机。同年11月，P-38第一次进驻北非，与法国空军及意大利空军展开较量，成功地击中地面目标并拦截了敌空袭编队。进入1943年以后，P-38连同P-47、P-51一起，加入了为空袭德国本土的美国第八航空队战略轰炸机编队护航的行列，为降低盟军损耗发挥了重大的作用。与此同时，P-38也开始大量出现在广阔的太平洋战场。

⚫ 参加诺曼底登陆行动的P-38

理查·波恩少校。P-38曾击落了许多日本战机，理查·波恩是美国陆航驾驶这种飞机的头号王牌飞行员之一。

太平洋上的雄鹰

P-38在太平洋战场上被应用的最广泛也最为成功，成为了美国陆军航空队战机中击落日本战机最多的飞机，它那集中的火力对于防护能力很差的日本战斗机来说是毁灭性的。1943年3月的比斯马海战中，P-38在高空为美国第5空军和澳大利亚轰炸机与攻击机护航，这次海战对日本人来说是一次沉重的打击，而美国第39战斗机中队的两位P-38王牌飞行员也在这次战斗中牺牲了。通过P-38战斗机在太平洋战场上的一系列的作战，充分证明P-38是一种优良的海上远程陆基战斗机，而在这些战绩中，P-38最为辉煌的战绩就是击落了日本大将山本五十六的座机。

伏击山本

1943年，日军在太平洋战场上的形势不容乐观，为了挽救日本失败的命运，作为日本联合舰队总司令的山本五十六打算于4月18日前往所罗门群岛布干维尔岛的一处空军基地视察。令山本五十六意想不到的是，他的行程密码电报在4月14日被驻守在珍珠港的美国太平洋战区的司令部接收到，并且被破译了。美军司令尼米兹当即决定派出战斗机，伏击山本五十六的座机，以挫伤日军。P-38战斗机以自己强劲的火力、可以远航的性能赢得了这次袭击任务。18日凌晨，16架P-38战斗机在米切尔上校的指挥下起飞出动，其中以兰菲尔上尉率领的4架P-38战斗机为先导，其他的战斗机承担掩护任务。为了避免被察觉，16架P-38战机需要在距水面大约9米的高度上向西飞行约630千米，在上午9点多到达预定目的地——布干维尔岛的西则，等待山本乘坐的飞机出现。

成功击落

在美国战斗机到达伏击点两分钟后，山本五十六等人乘坐的两架"三菱1式陆攻"飞机准时出现了，左右还有6架"零"式战斗机在身边护航。在看到山本的机队后，兰菲尔上尉率伏击队向目标冲去，在击落一架日本"零"式战机后，又咬住一架"1式陆攻"飞机猛烈开火，导致这架轰炸机的右发动机起火，右翼折断，一头栽进丛林起火燃烧，之后另一架轰炸机也被击落坠入大海。事后，日军在丛林的飞机残骸里发现了山本五十六的尸体，他手握军刀，身中两弹，显然在坠机前就毙命了。这次漂亮的作战，使P-38战斗机光荣地进入到了第二次世界大战的史册。

与其他美国战机一样,P-38有许多派生型号,包括P-38、P-38D、P-38E、P-38F、P-38G、P-38H、P-38J、P-38L、P-38M,其高速度和较大的机头空间也很适合作为侦察机,因此也有了由它改造而来,装备了照相机的侦察机型F4和F5。

后世评价

总的来说 P-38 战斗机是一款强大而成功的战斗机。首先,机身相当的坚固。P-38的异常坚固得益于它的构造,它的双尾撑结构能迅速吸收异常的震动,它的易损面积由于支撑型的设计而坚固,这使得炮弹击穿它的油箱引起燃烧的可能大大降低,而P-38的自封式主油箱是和发动机分开装在中间短舱内的,这又加大了它的生命力。其次,是惊人的战损修复力。由于P-38战斗机有许多额外的设计,这些设计可以使受伤的P-38战斗机迅速拆卸受损的零部件,从而能及时重回蓝天战斗,补充空军战斗力。例如,1944年4月,在一次护航的任务中,一架 P-38 和一架 BF109 迎面对决并相撞。BF109的机翼被打掉,当即坠毁,而P-38在

兵器简史

英国《每日邮报》2007年11月15日报道,一架第二次世界大战中的战斗机在神秘消失65年后,近日在英国北威尔士海滩被人们发现。这架"P-38 闪电"战斗机当年紧急降落在海滩上,随后被沙石掩埋。发现时飞机残骸保存相当完整,为研究提供了实物。

失去了一个尾撑和同侧螺旋桨的情况下,仍然挣扎着返回了基地并成功迫降。另一个更夸张的例子:一架P-38战斗机冒着密集的弹雨向一艘日本防空驱逐舰扫射并投下炸弹,但它拉起太晚,翼尖撞倒了桅杆,失去了机翼。当它大摇大摆地降落后,地勤人员从机身上找到了100多处机枪孔和5处炮弹孔,但飞机依然完好。

P-38是一种可怕的截击机和攻击机,如果由高素质的飞行员驾驶,它也是一种可怕的战斗机。

兵器知识

> P-47 由两位设计师合作设计
P-47D 是"雷电"家族中最重要的型号

P-47 战斗机 >>>

美国P-47战斗机是第二次世界大战后期一种性能较好的重型截击机,也是第二次世界大战中的著名战机。美国共和公司于1939年11月开始研制该飞机,1941年试飞时,P-47高空机动性能良好,在8470米高度创造了时速为690千米的最大平飞速度记录,由此便有了"雷电"的绰号。试飞后不久,P-47战斗机进入到空军战斗机队列当中。

⤴ P-47"雷电"战斗机

空战保障

1942年5月,P-47战斗机正式批量生产,一代名机从此开始走向成熟,飞往世界反法西斯战场的前线。1942年年末,P-47"雷电"开始交付部队使用。1943年年初开始投入欧洲战场使用,P-47战斗机在欧洲战场上不但为轰炸机护航,而且也用于对地攻击。在欧洲南部的地中海战场上,P-47战斗机作为 P-40 战斗机的替代战斗机于1943年11月加入战斗,立下了许多战功。不仅如此,P-47在太平洋战场上也声名远播。

柏林护航

1944年3月4日,盟军空中力量展开了对柏林的第一次大规模昼间轰炸。然而,当天欧洲大陆上空的天气条件极为恶劣,轰炸任务不得不中途撤销。第二天,502架重型轰炸机再次起飞前往柏林,但是再次因天气原因放弃了任务。有一支轰炸机编队没有收到返航的命令,径直飞往柏林上空。在穿透防线的阶段,为其护航的是第三五九战斗机大队的P-47。当美国陆航高层最后和轰炸机编队取得联系,势单力薄的B-17机群

P-47战斗机飞机机身圆胖，前机身装有1台18缸活塞大功率发动机，最大平飞速度679千米／时，航程1200千米。机上装8挺机枪，可带1130千克炸弹。第二次世界大战后期美国为P-47"雷电"战斗机加装了一副油箱，从而增加了航程，极大提高了护航能力。

兵器解密

开始转向返航时，大批Me-109和Fw-190战斗机以紧密的队形对它们展开了穷追不舍的打击。当时，在轰炸机群周围只有第三五九战斗机大队的8架"雷电"，美国陆航的飞行员们沉着应战，最终击落3架敌机，并成功击溃了敌军的进攻阵形。

掩护机群

3月6日，美国陆航终于等到了久违的好天气。在这天，有730架重型轰炸机从英伦三岛起飞，直捣德国心脏，德国空军也集结了有史以来最庞大的截击机群进行反击。此时的空军已经更换了新的"雷电"飞机，因为在飞机的机翼下挂载了两个可投掷的副油箱，所以飞机的作战半径大大提高了，第56战斗机大队也可以一次性派出两个集群执行穿透德军防线的护航任务。3月6日，第56战斗机大队A集群接到任务：和第一航空师的轰炸机群在林根小镇地区会合，并将轰炸机群护送到不来梅南方的杜默湖和尼恩堡地区。在杜默湖以北，有超过100架德国战斗机升空拦截；在尼恩堡地区，轰炸机群又面对10架Fw-190战斗机的骚扰，

兵器简史

P-47战斗机先后发展出了多种型别，各型生产总数达15683架，它们先后投入欧洲和太平洋战场使用，为第二次世界大战的胜利发挥了重要作用。一种飞机生产15683架，这个数字在现代飞机生产中是没有的，在历史上也是少见的，是当时美国生产最多的一款战斗机。

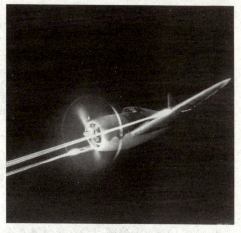

↑ 夜间射击的P-47战斗机。

面对越来越多的德国战斗机，A集群的两个战斗机中队火速赶到，转瞬间击落8架德国战斗机，而自身的损失只有一架"雷电"。

护航名将

当天，第56轰炸机大队B集群负责护送第二航空师的B-24轰炸机穿越德军防线。在不来梅地区，由杰拉尔德·约翰逊少校带领的护航编队突然遭遇到了德国战斗机的袭击，于是"雷电"快速行动，敌机看到有"雷电"护航，立刻一哄而散。一架"雷电"被敌机Fw-190紧追，另一架路过的"雷电"恰巧看到，转到敌机后面，一下子就把敌机击落了。P-47战斗机在护航能力上显然是无可比拟的，它的高空机动性和俯冲性能在当时都是相当出色的，因此，第二次世界大战中，P-47"雷电"战斗机受到了部队的欢迎，被源源不断地运往前线。

> 英国首个喷气战机是"流星"战机
> 世界首架喷气飞机是德国 He-178

ME-262 战斗机 》》》

梅塞施米特 ME-262 战斗机是世界上第一种投入实战的喷气式飞机。虽然 ME-262 战斗机曾一度被盟军视作深陷绝境的纳粹德国空军施展的最后绝招,达不到扭转战局的目的,但不到一年的实战过程却证明它不愧为一种强大的作战飞机。它那喷气式发动机和后掠式机翼显示了战斗机发展的新方向,同时也揭开了空战史上新的一页。

"雨燕"问世

早在 1938 年,德国当局就命令梅塞施米特飞机制造公司尽快研制一种能兼容由巴伐利亚或容克公司试制的涡轮喷气式发动机的全新战斗机。1939 年,德国梅塞施米特飞机制造公司的沃尔德玛博士设计了一种后掠翼的飞机机体,该飞机机体采用了宝马公司最新开发的涡轮喷气式发动机,经过论证该设计方案获得通过。1941 年,ME-262 原型机制造完成。1942 年 7 月 18 日,德国空军的温德尔上尉驾驶喷气式原型机试飞成功。经过改进,德国空军于 8 月将 ME-262 定型为全后掠式机翼,并称为"雨燕",但是由于德国资源的短缺和盟军的轰炸,ME-262

ME-262 战斗机

直到 1943 年 6 月才正式开始生产,投入到德国空军战斗机的队伍当中。

闪耀登场

1944 年 7 月 25 日,一架隶属英国皇家空军的德·哈维兰"蚊"式侦察机在慕尼黑附近遭遇到了一架 ME-262。这架"蚊"式侦察机在慕尼黑上空 9000 米高度飞行,皇家空军飞行员 A·E 华尔中尉根本不害怕德国战斗机,因为通常它们爬到这个高度的时候早就没劲了。可是当他扭头发现身后 400 米处出现了一架敌机的时候,多少有点惊讶,更令他惊讶的是,这架飞机竟然没有螺旋桨。华尔随即加大油门并进入到俯冲状态以加速摆脱,同时向左急转。通常这套动作对于摆脱纳粹空军战斗机非常有效,但是这次 ME-262 却很快追上了他,华尔这才意识到这是一个从未遇到过的对手。

ME-262 是一种全金属半硬壳结构轻型飞机，流线形机身有一个三角形的断面，机头集中装备 4 门 30 毫米机炮和照相枪。半水泡形座舱盖在机身中部，可向右打开。前风挡玻璃厚 90 毫米，椅背装有 15 毫米钢板，均具备防弹能力。

兵器解密

Me-262 驾驶舱。Me-262 HG 型估计能够在平飞时达到跨音速的速度 (0.8～1.3 马赫)，HG Ⅲ 计划的极速是在 6000 米高度达到 0.96 马赫。

在华尔侥幸逃入云层之前，这架 ME-262 居然从容对他实施了 3 轮进攻，这是盟军飞行员第一次遭遇 ME-262。

完美的性能

ME-262 战斗机问世的时间相当地及时。1944 年春天，美国的 P-51"野马"战斗机已经可以护送轰炸机编队抵达德国上空。"野马"是同时代综合能力最强的战斗机之一。它在速度和航程上都有着显著的优势，作为护航机的"野马"驱逐着胆敢靠近轰炸机群的德国战斗机。这种形势的出现对德国空军很不利，德国战斗机必须作出选择：要么携带对付轰炸机所需的重装备，但是飞机的性能会处

于下风；要么配备轻型武器装备，但是在进攻时又会缺乏足够的火力。ME-262 的出现正好解决了这一问题，使两者完美融合。4 挺 30 毫米的机炮可以撕裂空中的任何猎物，而其独有的速度优势可以轻松地躲避"野马"的袭击，而这些在过去几乎是不可能的，因为在 ME-262 服役前，任何德国现役战机都没有"野马"的速度快。

战功显赫

1945 年 3 月 3 日，ME-262 战斗机部队首次取得了与盟军轰炸机编队的确定战果。29 架 ME-262 战斗机起飞，用以拦截美国的轰炸机编队，ME-262 主动出击，击落了美军 6 架轰炸机和 2 架战斗机，德军只损失了 1 架 ME-262 战斗机。1945 年 3 月 18 日，纳粹德国起飞了 37 架 ME-262 喷气式战斗机，以对抗轰炸目标为柏林的 1221 架轰炸机和为他们护航的 632 架战斗机。1945 年 3 月 31 日，是 ME-262 最为成功的一天，38 架次的 ME-262 参与空战，击落了 14 架轰炸机和 2 架战斗机，无一伤亡。虽然 ME-262 的表现不俗，却仍然没有完全地展示出它的优势。

兵器简史

ME-262 除 V 型原型机外，还发展过 14 种改型，主要有：Me-262A-1a 单座昼间战斗机；A-2a 轰炸机；B-1a 双座教练机；B-1a/U1 夜间战斗机；B-2a 夜间战斗机；C-1a 截击机，由于加装液体火箭助推器，从海平面爬升至 11700 米高空仅需 4.5 分钟，但未投产。

> F4U 战斗机被日本军人称为"死亡的口哨"
> F6F 战斗机绰号为"地狱猫"

F4U 海盗式战斗机 》》》

F4U海盗式战斗机是美国第二次世界大战期间著名的舰载战斗机,服役时间是从1942年到1952年,之后F4U战斗机曾在部分国家服役,直到20世纪60年代。太平洋战场上,F4U与F6F并为美军主力,成为日本战斗机的强劲对手。大战结束后,据美国海军统计,F4U的击落比率为11:1,拥有着骄人的战绩。

不凡的飞行速度

20世纪30年代末,美国海军航空局公开招标,要求设计一种可以具备高速、高空、高续航率的舰载机。经过一轮竞标以后,由沃特公司设计的F4U战斗机机型突围而出,获得了官方的肯定,并且很快就投入到了对原型机的制造和测试的过程中。该飞机从一开始就选用了当时功率最大的 R-2800 "双黄蜂"式空冷星形活塞式发动机。1940

F4U采用了当时推力最大的活塞发动机——普惠公司R-2800,马力达到2000,而同时期的军机多数的引擎马力只有1000。

年5月,原型机首飞成功。同年10月,该机又创造了平飞速度652千米/小时的飞行记录。就这样,一款时速较高而后又创美国海军单发螺旋桨战斗机产量最高记录的军用机问世了,并于1942年9月开始为美军正式服役,加入战机行列。

海鸥形机翼

F4U战斗机是一种短机身,偏前设置立尾和采用少见的倒海鸥形机翼的战斗机。倒海鸥机翼既可以缩短主起落架的柱长,又能减少翼身之间的干扰阻力,是一种不错的设计构想,但是机身制造起来会比较麻烦。F4U有一个封闭的半水泡座舱盖,机翼前缘装有全部射击武器及汽化器进气开口。双排星形14缸2000马力的双黄蜂发动机装在机头部位,与同一时期的绝大部分引擎推力只有1000马力的军用飞机相比,F4U绝对占有领先的速度优势。F4U的外翼可向上折叠,可以减少占用甲板的空间。但机鼻过长却是它的一个缺点,致使飞行员的前部视线受到较大的影响,造成视野

F4U 海盗式战斗机机身长 10.2 米，机翼长度 13 米，时速 594 千米/小时，战机外翼上配备了 6 挺 12.7 毫米的机枪。为了加强生存性能，F4U 采用了强大马力的三叶螺旋桨。有的 F4U 战斗机还加装了空用照相机，以用作高速侦察机使用。

在空中展翅翱翔的 F4U 战斗机。

生涯。1945 年以后，美国海军 9 艘航空母舰全部装备了 F4U 和 F6F 两款战斗机，每个母舰上都有战斗机 40—50 架。这支海空力量分成三个攻击编队，充分发挥了海面上空机动作战的作用。

不佳。针对这一缺点，美国对 F4U 战斗机进行了多次改进。也是因为这一缺点，早期的 F4U 战斗机并不适宜在航空母舰上起降，于是就配备给海军陆战队的海岸基地机场使用，负责为海军陆战队提供空中支援。

日机的天敌

1943 年 2 月 13 日，F4U 战斗机首次与日军"零"式战斗机遭遇，结果大败而归，原因是飞行员对 F4U 战斗机的性能不熟悉。但不久之后，F4U 战斗机便显露出它的优异性能了。同年 9 月，海军一支 F4U 战机部队进驻新几内亚，在一次历时为 79 天的战斗中共计击落日机 154 架，从而一举成名。10月开始，F4U 战斗机开始配合 F6F 战斗机作战，频频打击分布在中部及南部太平洋诸岛上空的日军，其中以新不列颠岛的拉巴沃空战尤为激烈，有一次双方均投入了 400 架飞机展开会战。至 1944 年 2 月，日本海军战斗机在该地区已基本被歼灭了。1944 年 12月，改进版的 F4U—4 终于作为舰载机登上了航空母舰，结束了仅以陆地为基地的战斗

战绩卓著

在第二次世界大战中的太平洋战场上，F4U 战斗机的飞行员们累计击落日机 2000 余架，其中，陆战队 24 中队的波茵顿中校一人就击落日机 28 架，成为了该机队的头号王牌。第二次世界大战时期，英国皇家海军先后获得 2012 架各种改型的 F4U 战斗机，到 1945 年，兵力已经达到 19 个中队。新西兰海军也曾获得过 370 架 F4U 战斗机，它们都投入了对日作战当中。在 13 年内，"海盗"飞机及其改型的总产量为 12681 架，创美国海军飞机产量最高记录。

兵器简史

F6F 战斗机也叫"地狱猫"，是 F4F"野猫"战斗机的后继型号，是由美国格鲁曼公司研制的。F6F"地狱猫"的服役，成为第二次世界大战时美国海军的一张王牌，它彻底压制了一度领先的日本"零"式战机，在太平洋战场上创造了不少的奇迹。

> "鹞"式战机曾被视为"技术奇迹"
> 《真实的谎言》第一次展现了"鹞"式战机

英国"鹞"式战斗机 >>>

"**鹞**"式战机是一种亚音速单座单发垂直/短距起落战斗机，是由英国霍克飞机公司和布里斯托尔航空发动机公司研制的世界上第一种实用型垂直/短距起落喷气式飞机，它的主要使命是海上巡逻、舰队防空、攻击海上目标、侦察和反潜等。英国在20世纪60年代开始研制"鹞"式战机，1969年4月开始装备英国空军。

战机性能

"鹞"式战机采用带下反角的后掠上单翼，只有一台"飞马"喷气式发动机，机身前后有4个可旋转0°—98.5°的喷气口，提供垂直起落、过渡飞行和常规飞行所需的动升力和推力，这种简单而有效的设计使得"鹞"式能比传统的战斗机更加有效地盘旋、变向。这也是为什么"鹞"式没有采用其他飞机使用的传统的三轮起落架，而采用了新的

起落架设计。"鹞"式有一个前轮、一个中央主轮、两个装在两翼上的平衡轮，没有平衡轮"鹞"式就会侧翻在地。"鹞"式战机采用短距起降而不是悬停式起降，但这也只需要一般飞机所需距离的四分之一，这既节省了燃油也节省了机场的空间。"鹞"式机翼翼尖、机尾和机头有喷气反作用喷嘴，用于控制飞机的姿态和改善失速性能。在武器装备方面，"鹞"式战机的典型带弹方案为一对30毫米"阿登"机炮舱，3枚454千克炸弹，一对"马特拉"155火箭发射筒，以及"响尾蛇"空对空导弹等。"鹞"式战机具有中低空性能好、机动灵活、分散配置、可随同战线迅速转移等特点。其最大缺点是垂直起飞时航程和活动半径小、载弹量小并且陆上使用时后勤保障困难。

◖ 英国"鹞"式战斗机。

🔊 AV-8"鹞"式战斗机。

"鹞"式家族

"鹞"式战机有三个系列：第一个系列是对地攻击型，包括"鹞"GRMK1、GRMK1A和GRMK3，于1969年4月开始装备部队。第二个系列是双座教练型，包括"鹞"TMK2、TMK2A、TMK4、TMK4A和TMK8N等型别，于1970年7月开始投入使用。第三个系列是海军型和出口型，包括"鹞"MK50、GRMK5、MK52、MK54、MK55、MK60以及"海鹞"FRSMK1和FRSMK2等，其中主要的型别有："鹞"MK50和"海鹞"战机。"鹞"MK50是专门为美国海军陆战队生产的单座直接空中支援和侦察型战斗机，美国海军编号为AV-8A，1971年开始交付，至1977年全部交付完毕，而GRMK5是MK50的改进型，美国海军陆战队将其编号为AV-8B。"海鹞"则是因为一次海上的战役而闻名遐迩。

"鹞"式出动

1982年4月2日，阿根廷出兵攻占了南大西洋上的马尔维纳斯群岛。当时岛上只有少量的英国海军陆战队兵力，这些数量有限的兵力对蜂拥而至的阿根廷军队进行了坚决的抵抗，直到英国命令他们投降。第二天，嚣张的阿根廷又占领了马尔维纳斯群岛东南的南乔治亚岛。阿根廷认为，英国无论如何也不会出兵的，因为马尔维纳斯群岛距离英国本土12875千米，在这里进行登陆作战英国必须拥有绝对的空中优势。但是，在马尔维纳斯群岛附近，英国没有一个航空基地，而且当时英国也没有能够作战的航空母舰了，英国当时能够装载"海鹞"战机的"无敌"号航空母舰已经确定出售给澳大利亚了，而"赫尔莫斯"号航空母舰已经打算出售给印度海军。在阿根廷攻占马尔维纳斯群岛的第二天，英国决定出兵夺回马尔维纳斯。4月5日，英国匆忙建立的特遣舰队从朴茨茅斯港出动了，参与这次行动的航空兵为第800和801中队。英国舰队的致命弱点是没有空中预警机。英国在北大西洋活动时，常常依靠美国海军和北约的空中预警机为其提供预警信息，然后利用护航的"海鹞"和舰对空导弹系统进行防御。"海鹞"战机装备有30毫米航炮和"响尾蛇"导弹，

英国空军从南乔治亚岛出动"鹞"式战机,击沉了监视特混舰队的阿根廷武装拖网渔船"独角鲸"号。

不过其机载雷达探测距离较近,只能进行近距空战。由于"海鹞"没有装备反舰和对地攻击武器,特遣舰队只好为第800战机中队配备了6架"鹞"式对地战机,并为其增挂了"响尾蛇"导弹。

两军形势

阿根廷没有料到英国会出兵行动,根本没有在马尔维纳斯群岛上建立足够的防空设施,并且阿根廷空军的装备也非常落后,只有11架"幻影Ⅲ"、33架以色列生产的"短剑"战斗机、32架A-4"天鹰"攻击机和6架非常老旧的"堪培拉"轰炸机,其机队没有夜间战斗能力,防空武器也非常陈旧。阿根廷的海军只有一艘老式的航母,反潜攻击能力差,海军拥有唯一先进的装备是4架法国

生产的"超军旗"海上攻击机,装备"飞鱼"反舰导弹。在双方的作战力量对比中,阿根廷占据数量上的优势,其作战机是英国"海鹞"战机的4倍。为了夺取空中优势,英国向阿松森岛部署了"威克特"式和"费尔康"式轰炸机。4月19日,特遣舰队离开阿松森岛,向南大西洋挺进,经过对南乔治亚岛的侦察,发现该岛没有阿根廷军舰。第二天,英军先头部队乘坐直升机在该岛登陆。

阿英空战

1982年5月1日,战争开始了。英国从阿松森岛起飞一架"费尔康"远程轰炸机,通过空中加油在当地时间凌晨4点46分,向斯坦利港机场跑道投下了21枚炸弹。由于没有空中预警机,英军派出6架"海鹞"在舰队上空进行巡逻,9架"海鹞"执行对斯坦利机场突击任务。前4架"海鹞"使用雷达干扰设备和454千克级炸弹压制机场防空炮火,后5架飞机使用炸弹突击飞机掩体和机场其他建筑。另外还有3架"海军"执行对库斯格林岛机场的突击任务。所有12架"海鹞"在7点50分起飞,第一批突击飞机10分钟后到达目标上空。4架突击机首先压制了阿根廷的防空炮火,接着后5架飞机

"鹞"式战斗机有空中加油能力。

"鹞"式战斗机机长 13.89 米,翼展 7.7 米,最大平飞速度 1186 千米/小时,海平面最大爬升率 180 米/秒,实用升限 15240 米,作战半径垂直起落时 92 千米、短距滑跑时 418 千米,转场航程(带四个副油箱)为 3300 千米,最大起飞重量 11340 千克。

⬆ "海鹞"与"鹞"之间的最大变化是在机头安装了"蓝狐"雷达,增强了探测攻击跟踪的能力,可以执行空对空、空对地双重作战任务。

使用集束炸弹轰炸了飞机掩体。阿根廷使用轻型炮火进行了猛烈还击。最后一架"海鹞"受了轻伤,不过所有 9 架战机都在 10 分钟后安全降落在舰上。对库斯格林岛机场完全是突然袭击,当英军飞行员到达机场上空时,发现一架阿根廷飞机正在启动,几秒钟后,英国飞行员使用集束炸弹摧毁了飞机。由于阿根廷空军没有进行抗击,所有"海鹞"全部安全返航。

表现不俗

受到攻击后的阿根廷开始反攻。就在"海鹞"突袭斯坦利机场不久,"无敌"号航空母舰上的雷达发现 193 千米远的地方有两批飞机正在高速接近,当时空中有 2 架"海鹞"正在巡逻。这时航母雷达证实对方是 6 架"幻影 Ⅲ"战机,高度大约为 11 千米。阿根廷飞行员之所以在这个高度飞行,是因

为"幻影"战机在此高度转弯半径最小,耗油最小,但是却无法对舰队构成威胁;同样原因,"海鹞"的有利作战高度一般在 6000 米以下,因此这次双方没有发生空战。当天中午,英军舰船从海上炮击斯坦利港。阿根廷 MBB-339 起飞攻击,但是英军第 801 中队起飞两架"海鹞"立即在云中对他们进行了截击,并迎头开火震慑。为了避免空战,阿根廷战机又飞入云中,但"海鹞"已经从后面咬住了他们,阿根廷只好匆忙投弹,返回斯坦利机场。

> SBD 无畏式轰炸机曾活跃于战场上
> 飓风是 20 世纪 30 年代最快的战机之一

飓风战斗机 >>>

飓风战斗机是英国著名的战斗机，也是第二次世界大战中闻名遐迩的战斗机。飓风战斗机首先因它曾惨败给诞生于同一时期的强劲对手而让人知晓，接着又因战功赫赫而名声大噪。飓风战斗机采用单翼设计，火力强劲，参加过不列颠空战，还被派往北非战场对抗隆美尔的军队，它还被改造成海军舰机进行过海战，可谓参战经历丰富。

飓风诞生

20 世纪 20 年代，英国空军发布了一份报告提出：时速超过 300 千米的战机很难编队飞行，也不能做剧烈的机动动作，因为飞机过载大得会令飞行员无法忍受，再加上"单翼机不安全"的著名研究报告，让英国空军的首脑们一直对单翼战斗机持怀疑态度。但是，英国霍克飞机公司的肯姆爵士富有远见地坚持设计单翼战斗机，并争得了军方的采纳。在设计过程中，飓风战斗机原计划采用苍鹰发动机和固定式起落架，之后肯姆爵士将原本的设计改为马力更大的灰背隼 PV12 发动机和收放式起落架，并将作为主要武器的 4 挺机枪增至 8 挺。此外，飓风还采用了许多当时十分先进的技术，如流线形的机身，前半部覆以全金属蒙皮等。飞机的密封式座舱盖向后滑动打开，方便飞行员跳伞时的紧急脱离。经过紧张的研制工作，首架飓风战斗机在 1935 年 11 月试飞成功。1936 年 6 月，英国空军订购了 600 架飓风战斗机，后来又不断追加。到了 1939 年 9 月，共有 18 个中队 497 架飓风战斗机进入空军服役。到 1940 年 8 月不列颠空战之前，霍克公司总共交付英国空军 2309 架飓风战斗机。

⚡ 飓风在不列颠空战中为皇家空军取得了的不少殊荣，是英国取得不列颠空战胜利的最大功臣。

隶属于英国皇家海军的飓风战斗机

V 形编队

在第二次世界大战爆发后,飓风战斗机作为英国空军最先进的战斗机之一,被派驻到欧洲大陆,成为了前线空中打击部队的主力。但是,在实际作战中飓风的战绩却大大出乎了英军的预料:1940 年 5 月 8 日至 18 日短短十天内,飓风就被击落了 250 架;在掩护敦克尔克大撤退的空战行动中,又损失了近 150 架。实战中飓风输得如此之惨,除了总体性能比不上德国 Bf-109 战斗机以及数量上处于劣势外,还有其他的原因。

从第一次世界大战结束到第二次世界大战初期的 20 年中,英军战斗机编队一直采用三机“V”字密集队形:长机在前,两架僚机分别在长机的两侧后方,与长机相距约 100 米处。英军认为这样的密集编队覆盖的观察角最大,不易丧失队形。当多机编队时,英军以三机“V”队为单位,以同样的方法编成“V”形大队。但是实际效果却恰好相反:因为队形密集,僚机飞行员必须飞得十分小心,飞行员的主要精力都放在与长机保持编队距离上了,根本无暇注意后方;而

长机则以为后方有僚机保护,大可放心。因此往往已经到被德军战斗机咬住开火后,英军才发现后面有敌军的尾巴,不过为时已晚。另外,当战机做急转弯等机动动作时,英军长机得加倍小心,必须花费在空战中足以决定胜负的数秒钟时间来提示僚机作准备,以防止在如此近的间距里两机相撞。当大机群在带队长机带领下做机动动作时,虽然看起来煞是壮观,但实际上却没有很强的战斗力,因此,英军战斗机处在了德军战斗机的下风。

实战失败

德国空军的“秃鹰”军团在参加西班牙内战初期时,采用的也是“V”形编队,但因为参战的 Bf-109 战斗机数量少,不得不分散组队,逐渐形成了两机间隔约 200 米的双机一字横向编队。在实战中,德军发现这种一字横队远比“V”字队更加机动灵活,于是它被德国空军广泛采用。在法国战役中,一天,英军 3 个中队共 36 架飓风战斗机正在编队飞行,突然发现约 10 架 Bf-109 钻云而出,从大队的侧后方扑过来。英军带队长机

➥ 飓风 MK IIC 的侧面图,可以清楚地看见左翼两门航炮。

立即率领机群转向迎击德机。但笨拙的转向还没完成一半,德军战斗机已经咬住排在编队后面的英军战机开火了。转眼间,在击落英军4架飓风战斗机后,德机消失得无影无踪。在整个战斗过程中,英军没有机会发射一发子弹,有的飞行员甚至连敌机都没看见。英军拥有德军3倍多的战机数量的优势,却落得如此惨败的结局。

飓风的功绩

在1940年8月的不列颠空战中,人们的注意力都被性能更好、足以和Bf-109匹敌的喷火式战斗机所吸引,因此飓风战斗机的功绩往往被人们忽视了。当时英国空军飓风战斗机共有32个中队,而喷火式战斗机只有19个中队,飓风战斗机仍然是英军战斗机部队的主力。当喷火式战机与德军护航的Bf-109纠缠时,飓风战斗机则趁虚攻击笨重的德军Bf-110双引擎战斗机和轰炸机。纵观整个不列颠空战战役,飓风战斗机击落的敌机比英军其他任何一种战斗机都多,功绩卓著。之后,飓风式战机主要用作了战斗轰炸机使用,猎杀法国境内的地面目标。在北非,飓风战斗机装上40毫米机炮,专门攻击隆美尔麾下的坦克军队,也取得了显赫战绩。

"海飓风"

从1941年开始,英国海上运输船队频频遭到德国"U"型潜艇和Fw-200远程轰炸机的袭击,为保护重要的海上运输线,英军把飓风作了一些改动后,定名为"海飓风",配备在匆忙加装弹射装置的商船上。在执行战斗任务时,将"海飓风"用弹射装置弹射出去,完成任务后再迫降在海面上,由其他船只设法把飞行员救起。后来对"海飓风"又作了进一步改进,配备给了英国海军的航空母舰。在1942年8月护送赴马耳他岛船队的战斗中,70架"海飓风"迎战总数超过600架的轴心国机群,取得了击落39架而自己只损失7架的出色战果。到第二

◆━━ 兵器简史 ━━▶

德国秃鹰军团是一支由阿道夫·希特勒下令组织的军团,其成员来自当时的德国国防军,包括空军、坦克、通信、运输、海军和教练等人员,其目的是支持西班牙内战。希特勒向西班牙派兵是秘密的,一开始世界公众并不知道。

飓风战斗机机长9.75米，翼展12.19米，机高为4米，最大起飞重量为2994千克，最高时速为511千米，实用升限为10973米，续航距离为740千米，机上配置有8挺机枪，是一款综合性能较好的战机。

兵器解密

次世界大战结束时，英国和加拿大共生产了14231架飓风式战斗机，有2952架飓风战斗机依租借法案输往苏联，但其中相当一部分战机损失于海上运输途中。

"无畏"式战机

只要提到飓风战斗机，就不能不提一下与它甚有渊源的"远房兄弟"——"无畏"式战斗机。20世纪30年代后期，单翼机和动力操作炮塔成为了飞机设计上两股非常时髦的潮流。在英国空军的要求下，以研制飞机枪炮而闻名的波尔敦·保罗公司设计出一改传统的"无畏"式战斗机。这款战机唯一的火力配置是装在驾驶舱后方的一个液压驱动炮塔，其上装有4挺7.7毫米的机枪，由坐在炮塔里的射击手用手柄操纵，火力范围覆盖整个机身上空。该机于1937年8月试飞成功，1940年首次组建成一个中队。1940年5月，派驻法国的"无畏"战斗机开始与德军战机发生空战。因为"无畏"式的外形与

飓风式十分相似，德军战斗机按惯例从英机尾部进行攻击。谁知这正是"无畏"式最好施展火力的方位。当德军飞行员为即将到口的猎物而暗自欣喜的时候，突然遭到4挺机枪的迎头痛击。这招不改外形，只改装备的妙计使得颇为成功，在头3个星期里"无畏"式共击落了65架德军飞机。但很快德军就发现上当了，立刻改用新的攻击方法，从"无畏"式的后下方进入，这正是它的火力死角。背负着两名飞行员和一个沉重的炮塔，令"无畏"式的机动性极差，无法与Bf-109对抗。经历了惨重的损失后，"无畏式"不再在昼间升空与德军战斗机正面交锋了，而改作夜间战斗机，截击趁夜色轰炸伦敦的德国轰炸机，这下它又能发挥特长了。

⬇ 在蓝天白云间航行的"无畏"式战斗机。

> F—15E是F—15家族中出色的一款机型
> F—15战机最大平飞时速是2650千米

F—15"鹰"战斗机 》》》

美国F—15战斗机,绰号为"鹰",是全天候、高机动性的战术战斗机。它是针对获得制空权和维护空中优势设计的,是美军现役的主力战机之一。F—15战斗机诞生在1962年展开的F—X计划的背景之下,由美国麦克唐纳·道格拉斯公司设计研制。1974年,首批战机交付给美国空军使用,一直服役至今。

F—X计划

第二次世界大战结束后,美国政府和军方对战争的态度有了极大的转变。他们认为,未来的大战必将是一场核大战,因此所有的军事理论和军事思想都有了重要的调整。战斗机设计思想也发生了重大的转变,在假定的核战争条件下,转而强调核武器的投射能力和航空截击能力,进而要求战斗机具备超音速、先进的传感器、导弹武器以及必要条件下的超音速机动空战能力。美国在朝鲜战争和越南战争上的失利,使他们更清楚地认识到必须加快改造传统战斗机机型。1965年4月29日,美国空军开始进行一项战斗机的研究计划,就是后来的试验战斗机计划——F—X,该计划由美国空军系统司令部负责。12月,空军系统司令部正式提出了该计划。1966年4月,美国空军指定麦克唐纳·道格拉斯、北美·罗克韦尔、费尔柴尔德·共和3家公司参与F—X计划的竞争,

最终在1969年12月由麦道公司标得。

试飞成功

1970年1月,F—15战斗机的发展合同正式生效,麦道公司进入全面研制阶段,乔治·格拉夫担任设计小组负责人。麦道公司以快得惊人的速度推进整个项目,1971年4月8日,对于F—15战斗机的评定工作最终完成,1972年6月26日第一架F—15原型机出厂。1972年7月27日,麦道公司首席试飞员欧文·L·保罗斯驾驶原型机从爱德华兹空军基地起飞,开始这只"雏鹰"的首次飞行。

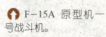

F—15A 原型机一号战斗机。

F-15E 型战斗机可谓火眼金睛,它配备有头盔式信息显示和目标选定瞄准系统。飞行员只需要按动按钮,中央计算机就会立即输入他头部转动角度,瞄准系统则会立即锁定他选定的攻击目标,整个过程仅需要 1 秒钟左右。

兵器解密

此次飞行持续时间达 50 分钟,最大飞行高度 3658 米。此后,9 架单座原型机和 2 架双座原型机相继试飞,自此 F-15 战斗机长达 30 多年的辉煌历史拉开了序幕。

卓越不凡

F-15 机身为全金属半硬壳式结构,分为三段。前段包括机头雷达罩、座舱和电子设备舱,主要结构材料为铝合金;中段与机翼相连,前三个框为铝合金结构,后三个为钛合金结构;后段为发动机舱,全为钛合金结构。F-15 机尾采用双发小间距布局,减小了飞机阻力,机翼采用切尖三角翼翼形,这种翼形不但在改善机翼结构、增大机内容积方面有较大优势,同时可以使飞机在跨音速区的阻力增加变得更加平缓。F-15 具有多功能的航电系统,包含了抬头显示器、先进的雷达、惯性导航系统、飞行仪表、超高频通信、战术导航系统与仪器降落系统。它还内建了战术电战系统、敌我识别器、电子反制装置与中央数位电脑系统。在战斗力方面,F-15 能携带 AIM-7"麻雀"空对空导弹、AIM-9"响尾蛇"空对空导弹、AIM-120 先进中程空对空导弹,其中进气道下方外侧,可以挂载 AIM-7 和 AIM-120,机翼下的多功能挂架可以挂载 AIM-9 和 AIM-120。而在右侧进气道外侧还有一座 M61A1 火神机炮。

备受青睐

1976 年 1 月,美国空军开始将它的第一

兵器简史

美国和以色列服役的 F-15 战斗机截至到 1996 年共击落各种飞机 96 架,在各类实战中创造了累计击落飞机 102 架,而无一被击落的骄人战绩。因此 F-15 战斗机受到了许多国家空军的赞赏,他们认为 F-15 战斗机是世界上最为出色的制空战斗机。

批 F-15 分配到内利斯空军基地的第 1 战术战斗机联队下属中队担负战斗值班任务。1977 年美国驻德国比特堡空军基地的第 36 战术战斗机联队换装 F-15 后开始具备作战能力。同年 12 月,第三个换装 F-15 的联队——驻新墨西哥州霍罗门空军基地的第 49 战术战斗机联队,成为备受青睐的主要战机。

一架隶属于佛罗里达州廷德尔空军基地第 325 战斗机联队的 F-15D,正在空中投放热焰弹。

兵器知识

> F-16战斗机是美国空军第三代战斗机
> 1992年F-16由洛克希德公司负责生产

F-16"战隼"战斗机 >>>

1972年，美军新研制成功的F-15"鹰"重型战斗机划时代的性能令军事界为之一振，但是也给美国军方带来了一个很大的难题：它太贵了，即使是财大气粗的美国也买不起太多的F-15战斗机。为此，美军想到了一个解决方法：研制一种性能与F-15相比要求较低、价格比较便宜的轻型多用途战斗机。因此，F-16战斗机就应运而生了。

战隼问世

1972年1月，美国空军正式推出"轻型战斗机"研制计划。经过一番竞争，1972年美国空军从参与投标的5家公司中进行了筛选，最终选定通用动力公司和诺斯罗普公司的方案，并签订合同让两家公司各制造一架原型机进行试飞竞争。经过试飞竞争后，通用动力公司的原型机YF-16战胜了诺斯罗普公司的原型机YF-17，成为了美军"低档配置"的战斗机。随后YF-16被正式命名为F-16"战隼"战斗机。之后，美国军方与通用动力公司签订了研制与订购合同，到1976年12月F-16试验型飞机首飞成功，紧接着投入了生产。1978年年底开始交付美国空军部队使用。美空军原计划总共订购

正在进行试飞竞争的YF-16和YF-17原型机。YF-16被美国空军所选中，并被命名F-16"战隼"战斗机。而美国海军选择了YF-17的设计并发展为F/A-18。

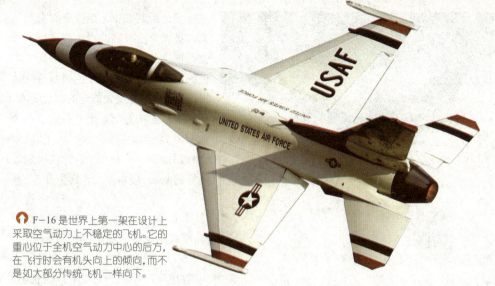

↑ F-16是世界上第一架在设计上采取空气动力上不稳定的飞机。它的重心位于全机空气动力中心的后方，在飞行时会有机头向上的倾向，而不是如大部分传统飞机一样向下。

650架，截至2001年3月，共生产了2216架。

精巧的设计

F-16在设计制造之初，就采用了不少新的技术，这在当时来说也是极为先进的。F-16采用了边条翼设计，在机翼和机身连接部分提供可控涡流，从而提高了战斗机的升力和安定性。据说F-16外形是从50多种预选方案中筛选出来的，机翼和机身结合处经过仔细设计，使之更加趋于平滑，翼身融为一体，进而减小了波阻，使飞机具有了良好的机动性，而且还增大了机内容积，减轻了飞机重量。相对于普通战斗机而言，一般的座椅向后倾斜12°—13°，而F-16采用高过载座舱，其座椅向后倾斜了30°，这种姿势能大大提高飞行员抗过载能力。此外，还可以维持飞行员的视觉功能。飞机还采用了电传操纵系统，这种系统主要由信号转换装置、飞行控制计算机、电缆和动作装置组成。它将飞行员发出的操纵信号，经过变换器变成电信号，再通过电缆直接传输到自主式舵机，优点是结构简单、体积小、重量轻、

易于安装和维修，改善了飞机操纵品质，提高了操纵系统的可靠性，减轻了飞行员的工作负担。除此之外，F-16战斗机还使用了复合型材料作为机身材料，飞机座舱采用气泡式座舱盖，提高了飞行员的视野范围等等，总之设计精巧。

似低非低

后来，经过不断设计改进，F-16战斗机的性能更加完善。虽然出于对价格因素的考虑，F-16战斗机对机载电子设备要求不高，但是还是安装有火控雷达、导航系统、雷达预警系统和电子对抗系统。F-16的火力配置也毫不逊色，配备有M61"火神"20毫米加特林炮、AIM-9"响尾蛇"近距空对空导弹以及AIM-7"麻雀"中距空对空导弹。虽然说F-16战斗机是一款"低档"的飞机，但这些方面的性能与F-15重型战斗机相比较而言并不十分差劲，从F-16本身的性能水平来看，应当说是相当好的。所以，所谓"低档"的低，主要是相对而言在价格和某些性能上的低，但是从技术水平来讲，F-16

❶ F-16C 型战斗机。F-16 采用了边条翼、空战襟翼、翼身融合体、高过载座舱、电传操纵系统、放宽静稳定度等先进技术，再加上性能先进的电子设备和武器，使之具有结构重量轻、外挂量大、机动性好、对空对地作战能力强等特点，是具有代表性的第三代战斗机。

不仅不低，而且有些方面比F-15 战斗机更先进。

F-16家族

F-16 至今已有十多种改进型号，有单座战斗机、双座战斗或教练机、侦察机、先进技术试验机等类别，其不同的构型可能多达几十种，但最主要的型别只有 4 种：A型，基本型；B型，双座战斗或教练型；C型，A型的改进型；D型，B型的改进型。F-16A/B型一起装备给部队，A型与B型的比例是2:1，也就是说，每装备两架A型战斗机，就要同时装备一架B型战斗机，主要作为教练型。最初美军装备的都是这两种型号的战斗机，后来经过不断改进，在1984年推出 F-16A/B 的改进型F-16C/D，这时美国国会才批准向国外销售 F-16A/B 战斗机。目前美国空、海军共有F-16战斗机 2800 余架，大部分为 F-16C/D 型。

"巴比伦行动"

美国国会批准 F-16 战斗机销往国外后不久，美国就把大约 40 架的 F-16A 型战斗机卖给了其在中东的盟友以色列。素以英勇善战著称的以色列飞行员很快就把这种战斗机的性能发挥到了出色的地步。1981 年，以色列面对仇敌伊拉克耗资 4 亿美元修建的核反应堆，打起了攻击的意图。于是制订了一个代号为"巴比伦行动"的轰炸计划，轰炸日期定为 6 月 17 日，执行这次轰炸任务的是 F-15 和 F-16 战斗机。17 日下午 3 点，8 架 F-15 和 8 架 F-16 按时起飞，其中 F-16 负责攻击任务，F-15 掩护它。轰炸机队从西奈半岛的空军基地出发，穿过沙特阿拉伯北部沙漠，为了避免被敌人发现，所有战斗机都处于无线电静默状态。一个多小时后，轰炸机队到达伊拉克上空。

轰炸核反应堆

17 日下午 5 点，一架 F-15 战斗机发现了处在巴格达东南方向的目标地点——奥西拉克核反应堆，于是报告给轰炸机组。紧接着，8 架 F-15 战斗机快速占领制空权，负

❷ F-16XL 是实验版的大挂载攻击机构型，后来被 F-15E 打击鹰式战斗轰炸机取代而未批量生产。

"响尾蛇"AIM-9是世界上第一种红外制导空对空导弹。红外装置可以引导导弹追踪热力目标，如同响尾蛇能感知附近动物的体温而准确捕获猎物一样。美国"响尾蛇"系列共有12型，AIM-9L属于其系列中的第三代，被称为"超级响尾蛇"。

兵器解剖

F-16的官方名称是"战隼"，但飞行员以星际大争霸战机之名为其取了绰号"毒蛇"。

责应对地面高射炮的射击，掩护F-16战斗机的行动。一架F-16进入到目标上空，快速发射出2枚MK84炸弹，正好击中核反应堆建筑物的顶盖。此时，伊拉克的高射炮才开火射击，但为时已晚。8架F-16战斗机发射的炸弹通通落到了轰炸目标上，核反应堆瞬间爆炸，被完全摧毁了，而16架以色列战斗机快速转身，安全返航了。

实战使用

在海湾战争中，美国空军在实战中首次使用了F-16战斗机，F-16战斗机也成为这次战争中表现不俗的战斗机之一，总共派出251架，共出动了13480架次，也是美军飞机中出动率最高的飞机，平均每架飞机出动537次，执行了战略进攻、争夺制空权、压制防空火力、空中掩护等任务，是"沙漠风暴"等行动的主力战机。1992年12月，一架F-16C战斗机在伊拉克南部的"禁飞区"内用

AIM-120导弹击落了一架伊拉克的米格-29飞机。在科索沃战争中，F-16战斗机执行了大量的压制敌方防空系统、防御性空战、进攻性空战等任务，摧毁了南联盟大量的雷达阵地、地面坦克和车辆、建筑物和南联盟空军的米格战斗机。自9·11事件以后，F-16在美国全球的反恐作战中起到了主要作用，F-16执行了数千次的飞行任务。在伊拉克战争中，美国空军向中东地区部署了60架F-16C/D型战机和71架F-16CJ型战机，从而支援了伊拉克战争。

兵器简史

"麻雀"AIM-7空对空导弹是第二次世界大战后美国研制并装备使用的第二个空对空导弹，也是世界上装备使用最为广泛的一个中距空对空导弹系列。与"猎鹰"和"响尾蛇"空对空导弹不同，该弹是唯一由军方主动投资发展的空对空导弹。

> F/A-18E/F 型有"超级大黄蜂"之称
> F/A-18 是美国造价不菲的战斗机之一

F/A-18 "大黄蜂"战斗机 >>>

美国F-18是一款舰载战斗机,而A-18是一款舰载攻击机,由于二者是在同一原型机的基础上发展起来的,即一机两型,机体完全一样,只是在武器装备上有所差别,所以统称为F/A-18战斗机,绰号也一样叫作"大黄蜂"。F/A-18战斗机主要编入美国航空母舰战队,负责航队防空和航载飞机的护航,是美国航空母舰上的主要机型之一。

取代"F-14"

F/A-18战斗机的前任是F-14"雄猫"战斗机,"雄猫"战斗机曾在世界各大洋的上空称雄多年,为美国海军立下了显赫战功,在同一时代的舰载机中可谓是独霸一方。正是F-14保证了"冷战"后期至世纪之交,美国在海军航空兵实力上的绝对优势。然而,到了20世纪70年代,F-14战斗机已经"老迈"了、落伍了,急需新一代战斗机来接它的班。1974年正当美国空军提出"轻型战斗机"计划,并开始研制原型机的时候,美国海军也提出了研制多用途战斗机的要求。1974年诺斯罗普公司的YF-17在YF-16的原型机竞争中失败,但是幸运的是诺斯罗普的工作没有白做,1975年他们的YF-17被海军选中,成为了F/A-18战斗机的原型机。

战机装备

F/A-18战斗机后来由美国麦道公司和诺斯罗普公司共同研制完成,1978年11月第一架"大黄蜂"战斗机在密苏里州的圣路易斯首次试飞成功,之后进入到了生产阶段。F/A-18战斗机是一款双发动机双垂尾翼超音速舰载战斗机,翼长11.43米,机长17.07米,最大平飞速度1910千米/小时,作战半径为1020千米,航程为3520千米。在武器方面,F/A-18战斗机主要配置了1门20毫米机炮,备弹

F/A-18 战斗机。

"小牛"空对地导弹,也称"幼畜"导弹,是美国研制的一种战术空对地导弹。它打击点状目标时非常精确。该导弹有7种改进型,其代号为AGM-65。该弹弹体为圆柱形,动力装置为双推力单级固体火箭发动机,弹长2.64米,射程24千米,巡航速度略超过音速。

570发,共有9处外挂架,可以加载AIM-9L"响尾蛇"空对空导弹、AIM-7"麻雀"空对空导弹和"小牛"空对地导弹,此外还可以搭载副油箱或空对地武器以及AN/ASQ-173激光跟踪器、攻击效果照相机和红外探测系统吊舱等等。另外,还配有跟踪雷达、飞行控制系统等机载设备。

实战表现

F/A-18的第一次作战巡航任务是在1985年2月至8月,美国海军第25和第113攻击机中队部署在星座号航空母舰上,前往西太平洋和印度洋地区执行部署任务。1986年,利比亚卡扎菲将锡德拉湾视为利比亚的领域,要求其他国家的舰只不得通过。美国总统里根命令珊瑚海号航母前往锡德拉海湾展开航海自由行动。航空母舰上的F/A-18执行作战空中巡逻任务保护航母战斗机群。F/A-18常常对利比亚的米格-23、米格-25和苏-22进行拦截,有时甚至与利比亚的飞机相距仅仅几米。在1986年3月的"草原烈火"行动中,F/A-18首次参与实战,对利比亚的海岸空军基地设备实施打击,其中包

F/A-18是美国军方第一架同时拥有战斗机与攻击机身份的机种。

括SA-5的导弹基地。1986年4月15日,F/A-18战斗机参与了"黄金峡谷"行动,它与A-7战斗机使用哈姆导弹攻击了利比亚的萨姆导弹阵地。

表现不凡

1991年的海湾战争中,共190架F/A-18参战,海军有106架,陆战队有84架。在行动中,一架损失于战斗,两架损失于非战斗事故。另外有3架受到地空导弹攻击,但是返回基地,经过维修又恢复了作战能力。在1991年1月17日,美海军两架F/A-18与伊拉克的两架米格-21飞机相遇,F/A-18使用AIM-9击中了这两架米格飞机后,对伊拉克的目标又投放908公斤的炸弹。2002年11月6日,林肯号航母上部署的F/A-18E/F型首次参与实战行动,使用超精确的导弹对伊拉克的两套萨姆导弹、1个指挥、控制和通信设施实施了打击。

兵器简史

A-7战斗机是美国一种轻型舰载攻击机。该机作为A-4攻击机的后继机型,于1967年开始服役。该机结构简单,能携带大量常规武器,生存能力强,装备有先进的导航和攻击设备,着重改善了亚音速性能,是一款不错的战斗机型。

> F-111F 每架造价大约 1720 万美元
>
> F-4G"野鼬鼠"战机是一款反雷达飞机

F-111 "土豚" 战斗机 >>>

F-111 战斗机,外号"土豚",是美国通用动力公司研制的一款超音速战斗轰炸机,也是世界上最早的实用型变后掠翼飞机。F-111 战斗机主要用于夜间、复杂气象条件下执行遮断和核攻击任务。F-111 战斗机分为两种型号,即 A 型和 B 型,F-111B 由于结构问题在 1968 年就已停止发展,而 F-111A 在 1967 年交付使用,直到 1996 年 7 月 26 日才宣布退役。

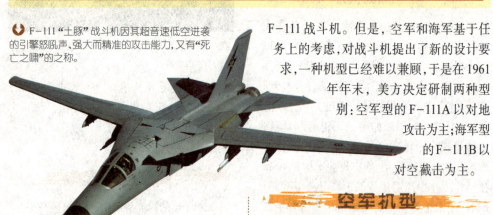

F-111 "土豚" 战斗机因其超音速低空进袭的引擎怒吼声、强大而精准的攻击能力,又有"死亡之啸"的之称。

F-111 的诞生

20 世纪 60 年代初,美国空军要求研制一种以对地攻击为主的超音速战斗机,以取代 F-105 战斗机,同时,美国海军也要求研制一种以舰队防空和护航为主的战术战斗机。当时美国国防部要求在装备发展过程中减少机型以节约经费,最后决定在新发展成功的变后掠翼技术的基础上,研制能同时满足空、海两军要求的通用型战斗机——

F-111 战斗机。但是,空军和海军基于任务上的考虑,对战斗机提出了新的设计要求,一种机型已经难以兼顾,于是在 1961 年年末,美方决定研制两种型别:空军型的 F-111A 以对地攻击为主;海军型的 F-111B 以对空截击为主。

空军机型

1962 年 11 月,美国通用动力公司和格鲁门公司分别获得了 F-111 飞机的研制合同,通用动力公司负责 A 型机,格鲁门公司负责 B 型机。通过一系列研制工作,两家公司共生产出了 23 架原型机,其中 18 架 A 型机,5 架 B 型机。首架 A 型机于 1964 年 12 月试飞,1967 年 10 月正式交付部队使用。首架 B 型机于 1965 年 5 月试飞,但是因飞机结构超重,性能达不到海军要求,加之导弹火控系统的研制也遇到困难,最后于 1968 年停止发展,海军也随即取消了对 B 型机的订购。从此,F-111 成了纯粹的空军型飞机。

EF-111是美国格鲁门公司在通用动力公司F-111A的基础上研制的变后掠翼专用电子对抗飞机,主要执行远距干扰和突防护航任务。1981年开始装备美国空军。该机可以对敌方各型防空电子设备进行干扰,从而保障了战斗机机队不被敌方发现。

FB-111的设计要求是以高空高速和低空高速突防,对目标实施核轰炸或发射近距攻击导弹。

新颖的设计

F-111采用了双座、双发、上单翼和倒T形尾翼的总体布局形式,起落架为前三点式。最大特点是采用了变后掠机翼,这在当时是一项新技术,首次应用于实用型飞机。变后掠翼的优点是可以改善超音速飞机的起落性能,兼顾高、低速之间的气动要求,扩大飞机的使用范围。F-111的另一个特点就是采用了整体弹射座舱,而一般战斗机都是采用弹射座椅。该舱包括飞行员、全部仪表和降落伞,完全密封的设计,可在水上漂浮。按照设计要求,可在零高度、零速度弹射救生。在机载武器方面,F-111也是比较突出的。它装有一门M61型6管机炮,备弹2000发,机身弹舱长5米,可带1360千克重的炸弹。翼下共有8个外接架,在后掠角26度时最多可带50颗340千克的炸弹或26颗454千克的炸弹,除此以外还可带导弹或核弹,最大载弹量8吨多。此外,它还装有攻击雷达、地形跟踪系统、惯导系统、控制及显示装置等等。

F-111家族

F-111家族共有9个型别,其中大多数为以对地攻击为主的战斗轰炸机或改进型飞机,包括了A、B、C、D、E、F和K型7种基本机型,主要用于在夜间和不利气象条件下执行常规和核攻击任务,但是也有两种完全改成了其他用途的飞机,如EF-111电子对抗飞机和FB-111战略轰炸机。美共生产F-111战斗机各类机型563架,其中C型机出售给澳大利亚空军使用。F-111战斗机经常出现在一些地区冲突和局部战争中,是美国远程作战的主力机种之一。

兵器简史

美军F-111战斗机全部退役之后,其最大的海外用户澳大利亚也在寻求F-111战机的后继机型。2000年1月澳大利亚"航空6000计划"项目出台,正式征求后继机型。这一消息立刻引起世界航空界的巨大反响,美国、英国、法国、瑞典几家大型飞机制造公司纷纷提出各自的投标计划,抢夺这块肥肉。

> 洛克希德的飞机制造厂是"臭鼬工厂"
> F-117可挂载战斗机使用的各种武器

F-117"夜鹰"战斗机 》》》

F-117"夜鹰"战斗机是美国前洛克希德公司研制的隐形战斗机,也是美军高性能先进战斗机种之一。 F-117隐形战斗机的任务就是突破对方严密的防卫区域, 以发射高命中率的导弹来攻击具有重要价值的目标,在性能、技术方面都十分先进。F-117服役后一直处于保密状态,直到1989年4月才在内华达州的内利斯空军基地公开面世。

"海佛兰"计划

20世纪60年代末、70年代初,是美国军用飞机,尤其是战斗机发展的高峰时期,而关于隐形战机的研制也是从那个时候开始萌芽的。当时,美国国防部高级研究计划局就提出了一个称之为"海佛兰"的隐形战斗机研究计划,要求有5家主要合同制造公司参加。起初,洛克希德飞机公司并未被列入其中,原因是该公司缺少现代战斗机的设计经验。事实上,洛克希德是一个老牌的飞机制造公司,始创于1916年,先后研制过P-38、F-80、F-104、C-130和SR-71等不少的优秀军用飞机。虽然之后没有再深入研制传统战斗机,但是却在一直致力于隐形技术的研究中。由于洛克希德具有不凡的实力,而且在隐形飞机

的研究上先行了一步,因此经过公司本身的不断努力,终于赢得了加入"海佛兰"计划的资格,并在后来原型机的竞争中取得了研制权。

悄然问世

20世纪70年代中期,"海佛兰"计划开始进一步实施,洛克希德公司先制造出了2架小型原型机进行可行性试验。这两架试验机采用了一种奇特的多面体外形,这种外

➲ 洛克希德臭鼬工作室标志。臭鼬工作室通常能够在有限的时间和有限的资源下,突破技术上的限制,推出极为令人惊讶的飞机设计。

F-117 "夜鹰"是美国空军的隐身攻击机,也是世界上第二款完全以隐形技术设计的飞机。

都在飞机轴平面的正负30°的范围内,F-117表面绝大部分的倾斜角都大于30°,这样就可以将雷达波偏转出去,从而避开辐射源。此外,设计人员还在一些小的细节处作了精心设计,例如对机身表面的转折处作了处理,对座舱盖接缝、起落架舱门和发动机维修舱门,以及机头处的激光照射器边缘都作了锯齿状处理,对发动机的进气口也进行了特殊设计,这些设计都大大增强了飞机的隐身性能,不易被敌方雷达发现。除此之外,F-117

形设计的依据主要来源于一个计算飞机雷达反射截面积的数学模型,因为在计算雷达反射截面积时,曲面外形比平面外形要难得多。洛克希德公司把这一数学模型运用到了实际中,经过不断改进,终于定型下来,定名为F-117。1978年洛克希德的飞机厂开始正式制造这架战斗机,1981年6月,首架F-117战斗机试飞成功。1983年10月进入托诺帕试飞基地服役。当然这一切都是处在严格的保密状态下进行的。之后,美国空军共订购了59架F-117隐形战斗机,洛克希德公司陆续交付美国空军使用,这59架F-117战斗机总耗资达66亿美元。

超凡的性能

在F-117的设计中,其外观设计做到了外形和隐形的完美结合。据计算F-117战斗机的雷达反射截面积值仅有0.001平方米,这个数值比一个飞行员的头盔面积值还要小。如此小的面积值有一部分原因是因为F-117采用了各种吸波材料和表面涂料,但是更为主要的是它采用了多面体外形。一般来说,地面雷达和机载雷达的探测角大

F-117采用了各种吸波材料和表面涂料,吸收掉来自雷达的能量,让雷达无法侦察到飞机的存在。

理论上，F-117A 几乎能携带任何美国空军军械库内的武器，但少数的炸弹因为体积太大，或是与 F-117 的系统不兼容而无法携带。

的外形也与众不同，整架飞机几乎全部由直线构成，连机翼和尾翼都采用了没有曲线的菱形翼形，这在战斗机的设计中是前所未有的。另一方面，F-117 战斗机在机载武器和设备通用性方面占有较强的优势。F-117 战斗机的内部武器舱长 4.7 米，宽 1.75 米，可以携带 2 枚 BLU-109 激光制炸弹，也可以携带 AGM-88A、AGM-6S 空对地导弹和 GBM-15 炸弹等，这些武器其他多数战斗机均可使用。此外，F-117 的机载设备具有很强的通用性。很多都是其他飞机现成或稍加改进就可以使用的东西，它使用了 F-16 的电传操纵系统，C-130 的环境控制系统，F-15 的刹车装置，F-15、F-16 和 A-10 的弹射座椅，以及与其他飞机通用的通信、导航设备和保障系统。这样做的目的既可以降低成本、减少风险、加快研制进度也易于使用和维护。

首次出征

1989 年 12 月 20 日，美国入侵巴拿马。

为了支援美国国防军别动队在巴拿马里奥阿托的空降作战，空军首次出动了 F-117 隐形战斗机。20 日，美国第 37 战术战斗机联队的 6 架 F-117 从内华达州的托诺帕基地起飞前往巴拿马，中途飞行了 18 个小时，经过四五次空中加油才飞到目的地。当飞机飞过里奥阿托上空时，其中 2 架 F-117 轰炸了里奥阿托军营，各投下 1 枚激光制导炸弹。这两颗炸弹并没有直接扔在兵营内，而是投在兵营附近的一片开阔地上。这样做据说是旨在使效忠于诺列加将军的军队"惊慌失措，以削弱其战斗力"，而不是为了消灭他们。另外 4 架 F-117，有 2 架留作备用，2 架中途返回基地。美国军方认为，F-117 的这次行动是成功的，在军事上，该机的轰炸确实在巴拿马国防军中造成了混乱，削弱了对方的战斗力，为美军突击队的空降减少了障碍。另外对飞机而言，经历了一次实战考验。美国空军也认为，这次行动证明 F-117 使用装在尾翼上的激光制导装置可精确地轰炸目标。此外，他们还有一种想法，就是

F-117 战斗机机长 20.3 米,翼展长度 13.3。机高 3.8 米,最大时速 1110 千米/小时,实用升限为 25 千米,起飞速度 306 千米/小时,作战半径 1112 千米,可载弹重量为 2268 千克,可以进行空中加油。

利用 F-117 的这一次作战来证实美国在隐形飞机研制上投入大量资金是值得的,而经过了海湾战争之后,F-117 所起的不可磨灭的特殊作用已经使它名扬四海了。

失利与退役

在海湾战争中,F-117 名声大噪。它在"沙漠风暴"行动期间执行高危险性的任务多达 1271 次,而无一受损。在多种参战飞机中,唯有 F-117 承担了攻击巴格达市区的任务。据统计,在整个海湾战争期间,F-117 承担了攻击目标总数 40% 的任务,投弹命中率高达 85%。当然 F-117 也不是常胜将军,它也有失利的时候。F-117 战斗机唯一被击落的事件发生在科索沃战争期间,它被塞尔维亚空军摧毁。1999 年 3 月 27 日晚上 9 点,在塞尔维亚空军上校的命令下,南联盟军队 250 导弹旅第三营在贝尔格莱德以西 60 千米处的沙巴茨与鲁马之间,使用老式苏制 S-125 导弹击落了一架 F-117 战机,随后坠毁在贝尔格莱德以西 40 千米处的布贾诺伏契村附近。此事件打破了 F-117 战斗机不败的神话,令全球军事

兵器简史

F-117 战斗机机长 20.3 米,翼展长度 13.3 米。机高 3.8 米,最大时速 1110 千米/小时,实用升限为 25 千米,起飞速度 306 千米/小时,作战半径 1112 千米,可载弹重量为 2268 千克,可以进行空中加油。

观察员大跌眼镜。F-117 经过 20 多年的服役生涯,于 2006 年宣布退役。美国东部时间 2008 年 4 月 22 日,美军现役的最后 4 架 F-117 隐形战机悄悄飞抵位于内华达州的"沙漠飞机养老院",之后被封存在一座特殊的水泥机库中。从此,这款世界上第一款隐身战斗机退出了美军现役飞机行列,它留下的空间将由 F-22 战斗机来填补。

↻ F-117 因其空气动力性能不好、飞行不稳定、机动性能差、飞行速度低、作战能力低下等原因而退役。

> F-22 曾被建议改装为隐身战机 FB-22
> F-22 战斗机的最大升限为 18 千米

F-22"猛禽"战斗机 >>>

F-22 战斗机绰号"猛禽",是由美国洛克希德公司、波音公司和通用动力公司联合设计开发的新一代重型隐形战斗机,是 F-117 隐形战斗机的后续机型。由于它无与伦比的先进性能,已经超过了美国"第三代战斗机",因此被军事专家们称为"第四代战斗机"。F-22"猛禽"战斗机将会成为美国在 21 世纪的主力战斗机,成为夺取制空权的法宝。

"ATF"计划

如同美国其他主要战机一样,F-22 战斗机的发展也经历了概念探索、方案论证、全面研制和生产部署四个发展阶段,而其中耗时最长的就是概念探索阶段。美国空军自 20 世纪 70 年代初开始概念研究,到 20 世纪 80 年代中期才确定了新一代战机的任务与技术,进而才产生了 F-22 战斗机的风貌。1971 年,美国战术空军指挥部提出的下一代战机的研发计划,即代号为"ATF"先进战术战斗机发展计划,进而提出新一代空军战机所要面临的任务——空中遮断、近距空中支持以及攻势和防御性空对空任务,因此整个 20 世纪 70 年代,美国空军对新一代战斗机的研究都围绕着这些任务展开。1982 年美国空军面对苏联战斗机的快速发展,以及美国空军准备使用 F-15 与 F-16 担任对地攻击的任务、F-117 进入试飞阶段后,他们意识到对地攻击的需求已经不是那么重要。同年 10 月,最终定案的计划正式在最后一次公开会议上提出。ATF 的计划要求将以下五个特点集于一架飞机上,这些特点包括:隐身性、高度机动性和敏捷性、可作超音速巡航、有效载重不低于 F-15 和具有飞越包括第三世界战区在内的所有战区的能力。面对如此先进的设计要求,F-22 必须采用一切已有的世界级航空顶尖技术。

⚙ 早期的 F-22 原型机

⬆ F-22 是美国在 21 世纪初期的主力重型战斗机，也是目前最昂贵的战斗机之一。

研发历程

1986 年 10 月 31 日洛克希德、波音和通用动力 3 家公司联合研制的 YF-22 战机中标，并按照要求制造了两架原型机。1990 年 9 月和 10 月两架原型机分别首飞成功。1991 年 8 月 2 日，美国空军正式与洛克希德公司签署飞机研制合同，制造 13 架试验型飞机。1991 年 12 月，美国空军终于确定了 F-22 战斗机的外形，洛克希德公司在 1992 年 6 月完成了 F-22 的设计修改。经过近 5 年的研制努力，在 1997 年 4 月 9 日洛克希德公司首次公开了 F-22 战斗机，并正式以"猛禽"命名了该飞机。1997 年 9 月 7 日，该机在罗宾斯空军基地进行了 58 分钟的首次试飞。随后，该机于 1998 年返回爱德华空军基地，交由空军试验飞行。2001 年 8 月，在 F-22 研制成功 10 年之后，美国军方才终于下定决心投入巨资批量生产 F-22 战斗机，洛克希德公司承接了生产 295 架 F-22 的生产订单。2002 年 1 月，美国空军宣布 F-22 首支作战联队将驻扎在弗吉尼亚州的兰利空军基地，到 2005 年具备了初步的作战能力，兰利基地将成立 3 个 F-22 战斗机中队，将拥有 72 架飞机和 6 架备用机。2002 年 8 月，美国空军将 F-22 更名为 F/A-22，更加体现出战机的多用途性。2004 年 9 月，洛克希德公司对 F/A-22 的生产速度作了进一步地调整，加快了战斗机的生产步伐。该公司的目标是 2004 年生产 19 架战斗机，并计划在大批量生产阶段每年生产 24 架 F/A-22 战斗机，F-22 战斗机最终成为美国空军的主要作战力量。

外形与性能

F-22 采用双垂尾双发单座布局。飞机垂尾向外倾斜 27°，恰好处于一般隐身设计的边缘。其两侧进气口装在翼前缘延伸面下方，都作了抑制红外辐射的隐身性设计，主翼采用后掠角和后缘前掠角设计，机翼上涂有吸收雷达波的特殊材料。水泡型座舱盖突出于前机身上部，全部武器都隐蔽地挂

🔈 F-22在设计上具备超音速巡航(不需使用加力燃烧室)、超视距作战、高机动性、对雷达与红外线隐身等特性。

在4个内部弹舱之中。F-22战斗机配置有一整套先进的机载电子设备,包括中央数据综合处理系统、综合通信、导航和识别系统、无线电电子对抗系统、具高分辨力的机载雷达、光电传感器系统和惯性导航系统等。为提高隐蔽性,飞机雷达设计有雷达站被动工作状态,它保证雷达站以主动状态工作时信号不容易被截获。此外,飞行员座舱内的自动仪表设备包括4台液晶显示器和广角仪表起飞着陆系统。

🔴 F-22战斗机弹舱可挂载空对地武器。

机载武器

F-22战斗机装备有1门20毫米的火神式六管旋转机炮,配有480发炮弹,6枚AIM-120"阿姆拉姆"先进中距空对空导弹,2枚AIM-9X"响尾蛇"空对空导弹或AIM-132空对空导弹,还可以装载2枚精度在3米以内的改进型GBU-32联合直接攻击弹药或者2枚由洛克希德公司研制的风力修正弹药布撒器或者8枚GBU-39小直径炸弹或者AGM-88辐射反雷达导弹。F-22战斗机除发射导弹执行空中任务外,也可以使用联合直接攻击弹药等精确制导武器,进行精确的对地攻击。由于隐身和超音速巡航的需要,F-22的基本武器装备都安置在机内。不过它也有用于挂副油箱和导弹的4个翼下挂点,用于在非隐身状态挂载副油箱和武器。

"猛禽"的争议

"猛禽"诞生以后,军事界多数专家认为"猛禽"可能是未来空中的霸主,但是随着更多的实际应用,"猛禽"的问题也开始暴露出来。2005年年底,波音公司获悉在F-22战斗机的内部结构中,将机翼连接在机身上的

F-22战斗机全长18.9米,翼展13.56米,装有2台普惠公司F119-PW-100涡轮风扇发动机,飞机最大飞行速度为2.25马赫,相当于2414千米/小时,巡航速度为1963千米/小时,最大俯冲速度为2.5马赫,作战半径为2177千米。

◆◆◆ 兵器简史 ◆◆◆

2008年7月中至8月初,12架F-22进驻关岛安德森空军基地,参与演习。2009年9月,F-22将运抵阿联酋,第一次在海湾参加演习。预计2010年,美军将于夏威夷希肯空军基地正式部署F-22一个中队,将代替空中国民警卫队134联队原有19架F-15战斗机。

钛合金支架存在缺陷,这是由于钛合金部件的供应商没有正确处理前机身的结构件所造成的。虽然研究分析后认为,这一制造工艺上的差错对飞行安全并不构成威胁,但是为了预防灾难性的后果,美国军方还是以增加维修次数来补救。此外,由于F-22承包商提供的零部件在质量控制方面存在严重问题,在后来的维修保障中产生了越来越多的零件配合问题,导致零件不匹配无法更换。甚至连价值数百万美元的雷达吸波座舱盖

也出现了一些问题,因为舱盖的控制系统失灵,有时飞行员就被困在机舱内无法出身,而且飞机座舱盖的使用寿命也不长,其飞行时间内的使用寿命不超过18个月。另外,飞机的隐形涂料也存在严重问题。2008年3月,就发生了一起因F-22表面涂料脱落而引起的故障,涂层脱落后被吸入到发动机内,打坏了风扇叶片,发动机受损,险些造成事故。2009年3月25日发生的F-22战斗机坠毁事件更让人们开始质疑这种先进战斗机的安全性问题。3月25日,美军一架F-22战机在位于加利福尼亚州南部沙漠地区的爱德华空军基地附近坠落,当地媒体援引爱德华空军基地发言人德罗斯雷耶斯的话说:事故发生在当地时间上午10点,事故地点在爱德华空军基地东北56千米处,失事时,这架F-22正在进行军事训练,随后美国空军调查员就事故原因展开了调查。由此看来,"猛禽"的绰号还有待时间验证。

⚡ F-22虽然是极其先进的战机,但由于其造价昂贵、工艺复杂、维修和保养困难、难以保证安全性、偏重隐身性而放弃大载弹量等原因,美方已经否决了将F-22改装成轰炸机的计划。

兵器
知识

> 米高扬设计局是米格飞机研产联合体
米格-23是米高扬生前最后一件作品

米格-23 战斗机 》》》

米格-23 战斗机，是苏联米高扬·古列维奇飞机设计局于20世纪60年代研制的一种可变后掠翼多用途超音速战斗机，其绰号为"鞭挞者"。它是20世纪70到80年代，前苏联国土防空部队的主要装备，也是前苏联空军用以取代米格-21的制空战斗机。该机兼有较强的对地攻击能力，因此在世界战斗机史上留下了光辉的一页。

可变后掠翼技术

进入20世纪60年代后，变后掠翼技术开始走向成熟。之前，战斗机所采用的平直翼虽然有利于低速飞行，但当飞行速度接近音速时，会产生巨大的激波，使阻力剧增。于是，专家们转而开始研究一种后掠翼技术，后掠翼不但可以延迟激波的产生，而且

超音速时产生的激波强度比平直翼小得多。但是在后掠翼技术形成之后，专家们又遇到了一个问题：大后掠翼飞机的低速性能很差，需要很长的助跑距离才能起降，经济性和安全性都不好。为了解决这个问题，他们又研究出了变后掠翼技术。一般的变后掠翼由固定的内翼和活动的外翼两部分组成，内翼外侧装有贯穿机翼厚度的转轴，外翼通

米格-23 后掠翼的机制。可变后掠翼是一种可随不同飞行情况而改变机翼弦线与机身纵轴之间夹角的设计。这样的设计可以充分利用后掠翼在高速以及直线机翼在低速下的优点，但是这种设计却增加了飞机的重量，使结构过于复杂。

过转轴与内翼相连接而且可以在机械力的驱动下围绕转轴前后掠动。变后掠翼解决了高低速飞行之间的矛盾,高速飞行时用大后掠角,飞机的阻力小,加速性好;低速飞行时使用小后掠角,续航时间长,飞机的经济性好而且起降安全,这一技术为后来米格-23的诞生提供了有力的支持。

米格-23

在越南战争中,苏联空军与华约组织空军意识到,自己装备的米格-21战斗机火力与航程并不十分理想,同时装备的苏-15截击机也只能承担单纯的高空拦截任务,并不能满足他们的作战需要。他们要求装备一种多功能的作战飞机,以在与北约空军F-4、F-104战斗机的对抗中取得优势。于是,苏联把这一任务交给了米高扬·古列维奇飞机设计局来完成,要求设计一种新型多用途战斗机,设计师阿尔乔姆·伊·米高扬和R·A·别利亚科夫担任总设计。1967年6月10日,编号为231的米格-23原型机研制出来并且进入到试飞阶段,在米高扬设计局首席试飞员A·V·费多托夫的驾驶下进行了16°后掠翼试验。同年7月9日的试飞中,米格-23成功试验了后掠翼的三种倾斜角度。在后来的试飞中,米格-23成功在机翼后掠72°时达到1.2马赫的飞行速度。1968年,米格-23开始由莫斯科劳动旗帜工厂与伊尔库茨克工厂批量生产。1969年装备给苏联空军歼

击——轰炸航空兵,直到1984年才停止生产,总计生产了6000多架,成为了世界上生产数量最多的战斗机机型之一。

配置装备

米格-23 其实是苏联第二款变后掠翼超音速战斗机,其气动外形参照了美国F-111战斗轰炸机的设计。在设计思想中,着重强调了较大的作战半径、在多种速度下飞行的能力、良好的起降性与优良的中低空作战性能等方面。米格-23 采用了变后掠上单翼布局,具有三种推荐机翼后掠角,可以分别用于起降与巡逻、空战和超音速与低空高速飞行,并且座舱里安装有操作手柄,飞行员可使机翼保持在18°40′到74°40′之间的任意角度。米格-23 使用两侧进气设计,参照F-4 设置了两侧矩形进气道。它还备有两个系列的发动机系统,根据制造标准的不同来选择使用。在续航能力与起降性能方面,米格-23 与先前的米格战机相比有了较大改善。另外,米格-23 的航电系统具有典型的苏式风格,在制造中使用了大量的电子管和晶体管,导致雷达体积庞大、重量超标、耗

❤ 米格-23 战斗机的制动器。

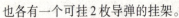

米格–23 机身下的可挂载导弹的挂架。

电量大而功能与精度不足，但是却有较好的抗干扰能力。米格–23 使用"高空云雀"火控雷达，部分低级型号使用了"木鸟"雷达及"蓝宝石"雷达。它的固定武器是一门 GSh–23L 双管 23 毫米机炮，备弹 200 发，还可以选用多种空对空导弹，机身翼下有两个各可挂 1 枚导弹的挂架，两侧进气道下也各有一个可挂 2 枚导弹的挂架。

"出征"叙利亚

在苏联还没有机会将米格–23 投入实战应用的时候，该机却在中东率先崭露了头角。早在 1970 年，埃及就率先向苏联申请购

米格–23 所使用的弹射座椅更有利于飞行员驾驶。

买米格–23 来装备空军，然而当时"鞭挞者"还没有正式投产，苏联立刻就拒绝了埃及的要求。1972 年，苏联正式启用米格–23M 型。1973 年年初，埃及和伊拉克再次向苏联发出了申请，于是，苏联开始研制米格–23 的出口型——米格–23MS，这是一款有意降低设备等级的型号，它装备的是米格–21MF 的武器系统，使用的是涡轮喷气发动机。有意思的是，研制完成后，该机型没有提供给埃伊两国，而是先提供给了叙利亚。刚刚配备上米格–23 的叙利亚空军却在一次偶然事件中卷入到一次空战中，从而创造出了米格–23 首歼敌机的记录。

首次战功

1973 年在爆发了第四次中东战争之后，叙利亚和以色列之间的冲突也一直没有停歇过，在戈兰高地周围，双方的前线部队仍在继续战斗。随着两军对抗局势的恶化，以色列对叙利亚的攻击也步步升级。在 1974 年 4 月 19 日这天，两军却发生了一次偶然的空战。这天中午，叙利亚空军阿尔梅斯利上尉正驾驶着一架米格–23 战斗机在大马

米格-23战斗机机长16.70米，翼展13.97米，最高速度为2.4马赫，即2445千米/小时，航程为1150千米，升限为18.5千米，爬升率为240米/秒。米格-23与同时期的其他战斗机相比，它的造价相对低廉，但在飞机的机动性方面略显逊色。

兵器解密

🎧 1982年6月6日到11日间，叙利亚空军的米格-23参加了贝卡谷地空战。

士革西北部上空执行一次武器测试飞行任务。突然，他看见远处出现了七八架F-4"鬼怪"组成的以色列战斗机队。上尉首先试图通过无线电与地面取得联系，但是遇到了严重的干扰，求救失败了。上尉只好硬着头皮对数量远远多于他的以军发起了进攻。当时阿尔梅斯利是低空飞行，于是他加速摆脱了敌机编队，尽最大可能来了个急转弯，绕到了以军机群的后面。他当即就瞄准敌机发射了3枚导弹，其中2枚命中，两架敌机冒着浓烟栽了下去。剩下的以军飞机见势立刻分散开来，朝多个方向飞去。阿尔梅斯利上尉翻转到了最近的一架敌机后面，用机关炮锁定了它，但是他面前的这架"鬼怪"突然摆脱到了左边，当阿尔梅斯利上尉跟在目标后面打算再找时机攻击时，他的飞机突然被2枚导弹击中了，整个飞机都震颤起来，阿尔梅斯利上尉意识到大事不妙，很快

飞机着火了，突然又断成了两截，向地面掉下去。阿尔梅斯利上尉同飞机一起坠落到了地面，非常幸运的是他活了下来。后来，经过调查，阿尔梅斯利上尉的米格-23是被空战附近一个叙利亚萨姆导弹阵地发射的2枚SA-6防空导弹所击落的，虽然"牺牲"得有些冤枉，但是这次偶然的空战取得的结果却是出乎意料的，一架米格-23居然成功击落了2架F-4"鬼怪"战斗机，为米格-23战斗机立下了首次战功。

兵器简史

　　F-4战斗机是美国第二代战斗机的典型代表，该飞机各方面的性能都比较好，不但空战性能好，对地攻击能力也很强，是美国空军和海军六七十年代的主力战斗机，参加过越南战争和中东战争。

> 美国研制的F-4战斗机外号为"鬼怪"
> 米格-25击曾经落美军一架"捕食者"

米格-25"狐蝠"战斗机 》》

在中东的蔚蓝天空上，常常出现数量稀少却很敏捷的飞机，无论是伊朗的F-14战斗机，还是美国的F-15战斗机都不是它的对手，很难将它打下。它从1965年到1973年先后创下了16项世界飞行记录，其中3项记录至今未被打破。它就是苏联米高扬设计局研制的高空高速截击歼击机——米格-25，北约组织给它的绰号为"狐蝠"。

"狐蝠"亮相

1967年7月9日，在莫斯科庆祝十月革命50周年的航空展上，飞行表演接近结束的时候，4架大型战斗机编队低空飞过，巨大的轰鸣声震动了整个广场，这就是米格-25战斗机的首次公开露面。当介绍说这是一款三倍音速的高空高速截击机时，西方世界为之震惊，从此它成了西方眼中苏联空军最具威胁的战斗机。20世纪50年代末，由于火箭技术的进步和导弹的大批装备，美国、苏联以及西欧各国出现了全力研究导弹的浪潮，飞机研究受到冷落。当时苏联领导人赫鲁晓夫支持导弹等研制，因此，苏联航空工业的发展受到严重影响。面对这种形势，米高扬设计局不甘心20000米以上的天空沦为美国超音速战机的领地，于是1958年，主动开展了高空高速截击机的研究。

"狐蝠"之谜

米格-25战斗机的设计初衷主要是为了对付当时美国研发中的XB-70超音速轰炸机和SR-71"黑鸟"高空高速侦察机，这两种飞机的最高速度都达到了3马赫，即三

米格-25"狐蝠"战斗机在设计上强调高空高速性能，曾打破多项飞行速度和飞行高度世界纪录。

米格-25战斗机机长22.30米，翼展13.95米，最大平飞速度2.8马赫，升限为24.4千米，航程为3000千米，最大爬升率为208米/秒，作战半径最大为1300千米，无内装机炮，翼下4个挂架带4枚AA-6空对空导弹。

🅒 米格-25在七八十年代的局部战场频频上镜，尤其是其侦察机型。

倍音速，普通战斗机根本无法追上。经过米高扬设计局的精心研制，米格-25的首架原型机于1964年首飞，1969年开始装备部队。截至到1984年停产，米格-25的总产量约为1200架。米格-25是在极其保密的状态下服役的，服役之初仅装备苏联本土的空军和防空军。由于其极高的性能参数，一直为西方世界所关注，西方甚至以此推测苏联的军用航空制造技术已经领先于世界。后来，发生了一次惊险而具有戏剧性的事件，米格-25的谜团才被彻底解开。

米格-25叛逃

1976年9月6日下午，日本航空自卫队地面雷达发现在北海道东海岸360千米，高度约6200米处有一不明飞行物正高速飞向日本领空。在对方无确认应答后，日本自卫队派出两架F-4战斗机紧急起飞进行拦截，很快，不明飞行物突然在雷达屏幕上消失了。正当自卫队防空指挥中心乱成一团时，北海道函馆机场航空管制和地勤人员惊奇

地发现有一架涂有红星军徽的灰色飞机在机场上空盘旋，很快这架飞机强行在跑道上降落了，之后，几名日本军人赶到了现场，将飞行员带走审查并把飞机严密地保护起来。日方迅速查明了飞行员的身份，原来他是前苏军中尉飞行员维克托·别连科，他所驾驶的飞机正是西方一直以来梦寐以求的米格-25。

谜团解开

最后，美、日军方以最快速度展开了对米格-25的研究。经过美、日专家深入的研究。他们发现米格-25的技术性能并没有想象中的那么可怕：其机身笨重的钢结构让西方匪夷所思，落后的电子管技术更是让西方深刻地了解了苏联电子技术与世界领先水平的差距。从此，西方对苏联航空技术的无名恐惧便被打破了。

兵器简史

米格-25MP，即大名鼎鼎的米格-31，北约代号"捕狐犬"。该机相对于米格-25主要是增大了航程，增强拦截低空超低空目标的能力，具有空中加油能力，基本保留米格-25的气动布局，但加装了前缘边条和前缘缝翼以改善机动性能，还首次装备了"狙击手"相控阵雷达。

> 米格-29战机是苏联第三代战斗机
> 米格-29的综合战斗能力很强

米格-29 战斗机 »»

米格-29战斗机绰号为"支点",是苏联米高扬·古列维奇飞机设计局设计制造的双发动机高性能的制空战斗机。它是针对美国的第三代战斗机而研发的,基本作战任务是,能在任意气象条件下和苛刻的电子干扰环境中,在全高度范围内打击和损毁在其攻击范围内的空中目标,所以它最适合在夺取空中优势和近距离机动空战中使用。

诞生背景

米格-29的历史开始于1969年,当时苏联在获知美国空军正在进行"F-X计划"后,苏联领导人意识到,新的美军飞机将会对苏联现有的所有战斗机形成巨大的技术优势。米格-21算是当时机动性很高的飞机,然而在航程距离、武装与升级潜能上有

相当多的缺点。为了对抗美国F-4战斗机为研发重点的米格-23战斗机虽然飞行速度较高,也具有较多的携带燃料与装备的空间,但是却欠缺空战中需要的机动性。苏联欠缺的是一款在各方面性能都相当均衡的战斗机,具有优异的机动性和高性能的航电系统。对此,苏联政府发出先进战术战斗机的需求案,其中提出了诸多较高的性能要求,包括高航程、优异的短场起降能力、高

🔻 图为米高扬飞机设计局设计的米格-29 战斗机

○ 米格-29 机身和机翼采用一体化流线型。

它装备部队的时间比苏-27 战斗机还早了大概 3 年时间。1988 年，米格-29 在范堡罗航展上首次公开展出。1986 年开始先后向古巴、印度、伊朗、伊拉克、朝鲜、波兰、罗马尼亚、叙利亚和马来西亚等国出口。

敏捷性、超过 2 马赫的飞行速度和重武器装备。新飞机的空气动力设计交由苏联空气动力研究所负责，成果与苏霍伊飞机公司一同分享。但是，苏联政府很快就认识到先进战术战斗机的费用将会非常昂贵，生产数量将无法满足需求，于是在 1971 年将这个计划拆成两个计划，即重型先进战术战斗机计划和轻型先进战术战斗机计划，其中重型战机计划依旧由苏霍伊公司负责，而轻型战机计划则交由米高扬飞机设计局完成。

米格-29 问世

苏联最初的设想是以苏-27 作为主力战机，而将米格-29 作为辅助型的轻型战机。但是进入到设计阶段之后，米高扬设计局已将该机设计成了一款多功能前线战斗机，兼具了优秀的战斗能力和对地攻击能力，可以单独用于空战。经过研制，米格-29 战斗机在 1977 年 10 月 6 日首飞，这架飞机与批量生产型没有多大区别，随即生产了 19 架用于进行飞行试验。1982 年米格-29 战斗机开始在莫斯科和高尔基的工厂投入批量生产，并且于 1983 年交付部队使用。

优良的性能

米格-29 的气动力外型设计与苏-27 非常相似，其中的差异表现在：主要结构以铝为主，加上一些复合材料，机翼是后掠中单翼加上融合成一体的翼前缘延伸面，后掠角为 40°。机身后方位于发动机位侧的是有后掠角度的水平尾翼与双垂直安定面。翼前缘自动缝翼在早期型上分为 4 个部分，后期型改为 5 个，翼后缘则有襟翼和副翼。米格-29 有两个分开设置的涡轮喷射引擎，两个引擎中间的空间能提供额外的升力。飞机上一共装有 6 个油箱，其中 2 个位于两翼，另外 4 个则在机身部位，由于燃料的因素造成米格-29 的航程有限，但已经满足苏联最初的需求了。此外，驾驶舱采用泡型舱罩，舱内安装了弹射椅，还配备有抬头显示器和头盔瞄准器，驾驶视野较以前有了较大改进，但是仍不如同时期的西方战斗机。米格-29 的火控系统和武器系统也相当先进，它装备有脉冲多普勒雷达、光学雷达和火控系统计算机，自动化程度高，抗干扰能力强。该机可以携带 P-27 雷达制导中距拦射空对空导弹和P-60、P-73 红外制导近距格斗

岸的拉格空军基地,德国于1990年10月统一后,这些战机编入到德国空军的测试联队。1993年,测试联队改为作战联队,1994年,23架米格-29正式与巴斯菲空军基地的一个F-4大队混编成第73战斗机联队,担任前东德地区的警戒任务。1991年,德国政府选送了2架米格-29远赴美国接受战机测试,所以有少数美国空军战斗机飞行员与德国的米格-29进行过实战演练。参加过实战演练的飞行员都认为自己非常幸运,能够与传说中的飞机进行一次真实的接触,令美国的许多飞行员羡慕不已。谈到最早与米格-29进行长时间实战模拟对抗的美国空军部队时,就要非第555战斗机中队莫属了,因为他们是最早在德国本土以外与米格-29进行演练。

🟠 米格-29的驾驶舱。后期的改良型安装有多功能显示器的玻璃座舱,并且改换了真正的手置伐杆。

空对空导弹,还可以携带57毫米、80毫米、240毫米的火箭弹,机上还装有1门30毫米的航炮。

装备德国

东德是华约组织中第一个装备米格-29的国家,自1988年3月到1989年5月止,东德共拥有20架米格-29战机。东德空军的米格-29部队原来驻扎在位于波罗的海沿

实战演练

美国第555中队装备的是F-16型战斗机,当时正驻扎在意大利的阿维阿诺机场,并在波斯尼亚上空执行禁飞任务。几个月之后,第555中队带着10架F-16及技术维护小组回到了撒丁岛,参加为期4周的对抗演练。德国73联队则派出10架米格-29和15架防空型F-4参加演练。在演习中,双方飞行员进行了各种不同的训练科目,包括从最基本的1对1对抗到复杂的4对4编队对抗,此外还进行了由2架F-16对抗2架

🟠 米格-29正发射一枚R-27导弹。

米格-29战斗机机长17.32米，翼展11.36至13.965米。正常起飞重量为15240千克，最大起飞重量18500千克。大小、重量介乎于F-15与F-16之间。海平面最大飞行速度1500千米/小时，最大推力为2.3马赫，实用升限17千米，不带副油箱的航程为1500千米。

米格-29和2架F-4的科目，总之为2对4。在演练中，为了充分利用F-4的雷达性能，米格-29与其演练了多种对抗F-16的配合战术，包括使用数据链接接收F-4传送的雷达数据等等。德国国防部根据1986年开始实施的一项改善F-4战斗效率的计划，对这些战斗机进行了设备的更新，使之最多可以携带4枚AIM-120空对空导弹。在进行复杂演练时，地面管制人员还利用空中监控系统监控交战飞机，并引导飞行员进场，而飞行员则利用空中监控系统查询整个交战过程。美国斯派克上尉在参加完演练后说道："我希望这次实战演练能够引起重视，因为我们将来可能面临的敌机将与德国的米格战机非常类似，而且很可能会给我们带来很大的威胁。我们以前只是听说过很多关于米格-29的事情，也看过相关的情报资料，但是现在才知道米格-29比我

们想象中的更强大。"

米格-29M

与美军驻意大利空军的演练并非是73联队第一次与西方先进战机交手，1993年，该联队就与西班牙的F-18举行过为期两周的对抗演练，1994年还在撒丁岛与荷兰的F-16进行过对抗演练。之后，米格设计局对米格-29进行了不断地改进，最后推出了改进型——米格-29M，这型战机对原来的米格-29的大部分航电设备进行了重新设计，装有"甲虫"雷达，其数据处理能力提高了4倍，能探测100千米以外的飞行目标，座舱内安装了新的屏显，并采用4余度电传操纵系统，"玻璃"座舱内有两个阴极射线管显示器，安装新型红外搜索跟踪系统。

◆ 米格-29机鼻和红外线追踪器。

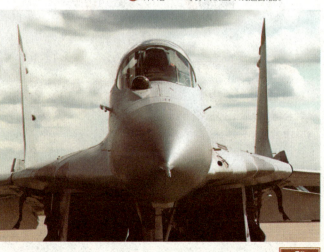

兵器知识

> 苏-27曾荣获苏联的"胜利女神"奖章
> 一架苏-27由莫斯科航空博物馆珍藏

苏-27"侧卫"战斗机 >>>

苏 -27战斗机，外号"侧卫"，是苏联苏霍伊设计局研制的单座双发全天候空中优势重型战斗机，主要执行国土防空、护航、海上巡逻等任务。苏-27是国际上较优秀的第三代制空战斗机之一，它以机动性能好、航程远、作战能力强而著称于世。该机于1985年装备苏联空军和防空军，是苏联最优异的机型之一。

⬆ 苏-27"侧卫"战斗机的设计要求长航程、重武装以及很高的操控灵活性。

对F-15的担忧

20世纪六七十年代，"冷战"的阴云笼罩着全球，携带核弹的战斗机被认为是最大的空中威胁。于是，就有了对战斗机性能的更高要求——在全天候条件下截击高速飞行的目标，结果就出现了所谓的"第二代战斗机"，这些战斗机的最大飞行速度都在2马赫以上，升限18千米～20千米，装有机载雷达和空对空导弹。第二代战机普遍采用高翼载和薄翼型设计方案，这使飞机的低速升力特性显著变差、起降速度大、滑跑距离长、机动性明显不足。由于防空导弹的迅猛发展，使得第二代战斗机的缺点暴露无疑。为此，1969年美国率先提出了设计新型战斗机的计划，麦道公司、北美航空公司、诺斯普罗公司等都参与了方案的竞争，结果麦道公司的方案获胜，并进入到了研制阶段，之后将该机型定名为"F-15"，进行批量生产。苏联在获知美国这一战斗机计划后，更

苏-27是为了应对苏联空军对远距续航能力与大载弹量的战斗机的需求而设计的。

加关注F-15战斗机的研制,通过对各种信息的研究之后,确定F-15为苏联新一代战斗机的目标机型。

苏-27的"酝酿"

1969年到1970年,米高扬设计局、苏霍伊设计局和雅克夫列夫设计局分别进行了预先研究,并且提出若干方案。因为是针对美国的F-15战斗机而研制的,所以苏联设计师们把新战斗机称作"反F-15",是否具有反F-15的性能也就成为了三大飞机设计局参与竞争的一个先决条件。1971年,苏联空军提出了对新战斗机性能的要求:新一代战机在与F-15对抗时要具有明显优势,其性能指标要比F-15高出10%,不仅要有良好的近距格斗能力,还要能使用导弹进行中距空战,同时要具有稳定的飞行品质和出色的机动性能,必须使用新一代发动机,采用先进的气动力布局。苏霍伊设计局经过一番精心设计,在1971年提出了T-10设计方案,该方案的战机编号为苏-27,不过这一编号在当时是严格保密的。鉴

于T-10方案采用了较为独特的腹部进气式布局,为了减小竞争风险,苏霍伊设计局同时还提出了"备份"版的T-10方案,该方案战机的侧面非常类似美国的F-14战斗机,原来的T-10方案就被称为T-10-1方案了。尽管竞争异常激烈,苏霍伊设计局还是认为T-10-1方案的气动性能潜力巨大,因此把它作为重点发展项目,任命帕雷尔·苏霍伊为总设计师,负责领导该方案的研制工作。

方案确定

1972年,空军召开了第一次新型飞机的设计局会议。在会议上,各设计局都拿出了自己的方案,就是后来的苏-27方案、米格-29方案和雅克-45轻型战斗机、雅克-47重型战斗机方案。两个月后,召开了第二次会议,

挂载电视制导炸弹的 Su-27SK。

Su-27装置有苏联第一个实际应用的线传飞行控制系统，这是由苏霍伊飞机设计局 Sukhoi T-4 轰炸机计划经验所发展而来的。

传统三梁式机翼。飞机装有两台加力涡扇发动机，推力较大。同时装有四余度电传操纵系统，主要设备包括了火控系统、航行综合驾驭系统、通信综合系统和电子防御系统，这些系统既相互独立又可以协调工作。战机上装有1门航炮，翼下和机腹部位共设置了10个挂架，可以挂载P-27系列中距空对空导弹和P-73系列近距导弹，也可以挂载各类非制导空对地导弹。

米高扬设计局展示了新设计的米格-29，而雅克夫列夫设计局的方案由于将发动机放置在机翼上，容易因为发动机故障导致飞机失事而被淘汰。之后，苏联军方召开第三次会议来进一步论证方案。在这次会议后，米高扬设计局提出了一个建议：将此项目分解成两个独立的项目，即同时研制苏-27那样的多任务重型战术战斗机和米格-29那样的轻型战术战斗机，它们将使用统一的主要设备和武器。最终，苏联军方同意了该提议，苏-27和米格-29开始同步研制。

飞机性能

经过一番一波三折的研制过程后，在1977年5月20日苏-27首飞成功，1979年投入批量生产，1985年装备给苏联空军和防空军使用。苏-27采用翼身融合体技术，悬臂式中单翼，翼根外有光滑弯曲前伸的边条翼，双垂尾正常式布局，楔型进气道位于翼身融合体的前下方，有很好的气动性能，进气道底部及侧壁有栅型辅助门，以防起落时吸入异物。全金属半硬壳式机身，机头略向下垂，大量采用铝合金和钛合金，采用了

神秘的苏-27

苏联的军事工业一直执行严格的保密制度，西方国家对苏-27战斗机一直一无所知。1977年夏，美国侦察卫星拍摄到了两架苏联新式战斗机的照片，但是照片相当的模糊，没有给美国提供较好的研究资料。苏-27在大量的配备给苏联空军和防空军后，开始执行中立水域上空的巡逻任

◄◄◄ 兵器简史 ►►►

1977年夏，美国侦察卫星所拍摄到的两架苏联新式战斗机的照片，由于模糊美国当局无法判断，于是美国国防部给这两架飞机起的临时代号为拉明-K和拉明-L，后来才知道拉明-K是苏-27，拉明-L是米格-29。之后，北约一方用"侧卫"命名了苏-27。

苏－27战斗机机长21.94米。翼展14.70米，机翼前缘后掠角为42°，最大飞行速度为2.35马赫，低空飞行的最大速度为1380千米/小时，实用升限为18500米，最大爬升率300米/秒，实际航程为3680千米。

务，这才有机会让西方国家接触到苏－27。1987年，挪威空军的"猎户座"巡逻机在巴伦支海上空近距离监视苏联海军编队，护航的一架苏－27战斗机奉命进行拦截，拦截过程中发生了危险性接近，苏－27垂尾顶端碰到了巡逻机的螺旋桨叶片，致使巡逻机返场迫降。在相撞前，这架"猎户座"拍摄到了苏－27近距离照片，这才为西方国家分析和评价苏－27提供了可靠的资料。

轰动世界

苏－27的神秘面纱被彻底揭开是在1989年6月的巴黎国际航展上。苏联派出了两架苏－27飞机参加了航展，单座机由普加乔夫驾驶，双座机由弗罗洛夫驾驶。普加乔夫驾驶飞机完成了一组高难度的复杂特技，给在场观众留下了深刻印象。其中有后来被命名为"普加乔夫眼镜蛇"的动作最为神奇：水平飞行的飞机突然急剧抬头，但不上升高度而是继续向前飞行，而且飞机的仰角不断增大90°、100°、110°、120°，飞行好像尾部在朝前飞行，飞行速度瞬间减小到150千米/小时，然后飞机恢复平飞状态，继续飞行。苏－27的生存能力也在巴黎航展上得到了证实。由于雷雨风面通过，弗罗洛夫驾驶的双座机在完成筋斗动作时遭遇到雷击，飞机上的某些电器已被雷电熔化，弗罗洛夫沉着地驾驶飞机安全着陆。经过必要的维修之后，该机又很快重返蓝天了。苏－27飞机在法国蓝天上取得了巨大成功，世界各大媒体都给予了非常高的评价，各国航空界也都表

示赞叹与震惊。法国路透社的评价比较典型："美、苏两国战斗机在争夺优势的斗争中，苏联取得了胜利，航空专家甚至认为，苏联人制造出了绝妙的飞机"。从此，苏－27成了世界各地航展的"明星"，它飞到哪里，哪里就会引起轰动。实际上，苏－27在成为航展"明星"之前就已经获得了多项国际荣誉，在1986年到1988年间，苏－27就创造了27项爬升率和飞行高度的世界记录，在此后的几年时间了，它又连续创造了14项飞行世界纪录，最为惊人的纪录是在1987年3月10日创造的，它分别在44.2秒和55.5秒的时间内，从0高度爬升到了6000米和12000米，可谓性能卓越。

Su-27SK的进气道下部和起落架。苏－27以其气动外形流畅，机动性能卓越著称。

兵器知识

> 苏－30 加装了空中加油装置
苏－30MK 是俄罗斯研发的出口战斗机

苏－30 战斗机 >>>

> 苏－30 多用途战斗机是苏联苏霍伊设计局在苏－27 战斗机的基础上改进而成的战斗轰炸机。其研制工作始于 20 世纪 80 年代初，最初的两架原型机在 80 年代后期首飞成功，被苏联命名为苏－30。随后苏联对于苏－30 的改进研究一直没有停止，但是到了 1991 年苏联解体后，苏－30 的研制计划也就不得不搁浅，再也没有在军事行动中大显身手的机会了。

◔ 苏－30 战斗机具有远程截击、对地攻击和指挥作战三位一体性能。

武器系统设计师维克多·加卢什科接到一项研制任务，在现有的苏－27 战斗机的基础上研制一种全新的远程截击战斗机。同时对于新型截击机苏联军方提出了要求：要有接近米格－31 的航程和不低于现有苏－27 的机动敏捷性，新的截击机也要有新型雷达，其设计重点是增加飞机对空中目标的侦察和截获能力。

性能要求

苏联第一批苏－27 战斗机出厂后不久，苏联军方就开始总结 20 世纪 70 年代以来苏制战斗机与西方战斗机进行的历次空战经验教训，之后得出结论：目前的重型远程截击机已经不能应对现在或未来的美国战斗机所带来的威胁了，必须为国防空军研制一种更加灵活机动的远程截击战斗机。于是，在 1986 年 4 月，设计师叶梅利亚诺夫和

改革之处

最初的那架苏－27 原型机是由阿穆尔共青城加加林飞机制造厂生产改装的，其后的两架试飞机则是由伊尔库茨克飞机生产联合体改进并交付的，这也就意味着新型防空截击机的研制生产任务将会由新的工厂来完成。因为加加林飞机制造厂必须专注

苏-30 的武器系统包括一门 30 毫米 GSH-301 航炮，装在机翼边条右侧前翼处，带弹 150 发。12 个外挂架，翼下 8 个，机身下 4 个，可携带 8 枚半主动雷达制导的 R-27P1 或 R-27P1F 中距空空导弹，两枚红外制导 R-27T 中距空空导弹，或 6 枚主动雷达制导的 R-77。

兵器解密

于苏-27 的生产工作，空军和国土防空军的大量订货使工厂已经没有多余的力量来进行苏-27 改装研制工作了。1988 年夏，首架苏-30 原型机开始进行装配工作，并于 1989 年 12 月 31 日在苏联试飞员列武诺夫的驾驶下进行了首飞。该机与苏-27 战斗机相比，增大了方向舵的舵弦，材料广泛采用钛合金，机翼有自动偏转的前缘缝翼，前缘后掠角 41°，改用 K-36DM 弹射座椅，其内部燃油储量与苏-27 相同，航程为 3000 千米，而空中加油后航程可达到 5200 千米。同时，还给它装上了新的导航系统和标准的后座舱，而其航空电子设备和系统经过改进，可以在超过 10 个小时的飞行中持续使用，而且考虑到飞行人员的生理需要，在飞机的座舱内还安置了新设计的供氧装置和排泄系统。

苏-30 战机的出现，极大地推动了世界航空市场的发展。

生不逢时

整个试飞工作于 1991 年年初结束，军事工业委员会和国土防空军总司令部随即给它发放了新的编号——苏-30。这是"侧卫"飞机系列中除苏-27 之外唯一的也是最后一个由苏联政府部门和军方正式下达命令赋予的编号，其他诸如苏-35、苏-37、苏-32、苏-34 都是由苏霍伊设计局自行发布的编号，它们其中很多没有得到苏联军方有关部门的承认。按照原先的计划苏-30 将大量装备国土防空军航空兵部队，替换苏-15、苏-21 和米格-23、米格-25 等老型号的飞机，工厂和设计单位也做好了未来 15 年内的生产计划，甚至建设了新的厂房，购进了新的设备，打算将生产多年的米格-23、米格-27 飞机生产线关闭，但是在 1991 年发生"8·19"事变后，苏联的迅速解体使这一切都成为了泡影。在 2000 年以前一共只制造了 5 架生产型苏-30 战斗机，它们被交付给萨瓦斯列依卡的"空军飞行员战斗使用和改装训练中心"。苏-30 战斗机的生不逢时，使它没有机会展露锋芒。

兵器简史

苏-24 为双座双发变后掠翼重型战斗轰炸机，是苏联第一种能进行空中加油的战斗轰炸机。该机由苏霍伊设计局研制，20 世纪 60 年代后期始研，1970 年试飞，1974 年始装，已有 800 余架服役，目前大部分尚在俄罗斯空军。它的出现，增强了苏联航空兵的战区进攻能力和战略突袭能力。

兵器知识

> 在南亚幻影2000战机只有印度才有
> 幻影2000是使用最广泛的战机之一

幻影 2000 战斗机 »»»

法国达索航空公司是世界上为数不多的具有先进战斗机研制能力的公司之一，从第二次世界大战结束后开始，达索航空公司为法国空军制造了一系列拥有当代世界先进水平的战斗机。继该公司20世纪60年代研制的幻影Ⅲ和幻影F1战斗机后，于80年代该公司又开发出了幻影2000多用途战斗机。

研制背景

在幻影2000战斗机研发以前，达索公司为法国空军研制了一款幻影F1战斗机。虽然幻影F1在性能上较之前的战斗机作了进一步的改进，但是在与美国第三代战斗机F-16的竞争中却败下阵来，幻影F1在出口市场上并不受欢迎。因此，使以飞机出口为主要支柱的法国航空业遭受严重打击。随着美国和苏联第三代战斗机研制技术的不断进步，法国意识到必须提高空军装备的技术水平，重新恢复出口市场，所以法国政府要求达索公司研制替换幻影Ⅲ和幻影F1战斗机的先进机型。达索公司根据空军的技术要求，在保持幻影Ⅲ成熟的气动布局整体不变的情况下，开始研制幻影2000战斗机。

性能与武器

幻影2000延续了幻影Ⅲ的无尾三角翼气动布局，进而发挥出三角翼超音速阻力小、结构重量轻、刚性好、大迎角时的抖振小、机翼截荷低和内部空间大以及贮油多等多方面优点。同时，在新的技术条件下，采用了电传操纵、放宽静稳定度、复合材料等先进技术，解决了无尾布局的一些局限。为了最大限度地减轻结构重量，幻影2000的机身为全金属半硬壳式结构，机头为玻璃纤维复合材料雷达罩，座舱旁电子设备舱盖板是碳纤维或轻合金蜂窝夹芯板。此外，先进

幻影2000主要用于截击和制空，也可执行对地攻击或战术侦察等任务。

幻影2000战斗机机长14.36米，翼展9.13米，最大平飞速度为2.2马赫，最大爬升率为284米/秒，升限为16460米，最大航程为3335千米，操纵杆采用双杆方式，飞机机舱内安装有平视显示仪和显示器，两者互相组合，同步显示火控、导航、目标管理和发射等信息。

兵器解密

幻影2000战机和机载武器

的数字式火控和导航系统也被幻影2000采用了。在武器方面，幻影2000安装有9个武器外挂架，其中5个在机身下方，在左右机翼下方各安装了2个，还安装有2门高射速的30毫米的机炮。战机可以外挂的空对空武器有："魔术2"型红外导弹和"超530D"半主动雷达型导弹，机翼内侧挂架还可以挂副油箱。还可以携带各种空对地武器，包括激光制导炸弹、AM39"飞鱼"空舰导弹和SCALP隐身巡航导弹等等。

首次作战

幻影2000战斗机的首架原型机在1978年3月10日首次试飞，1982年11月20日，幻影2000生产型也试飞成功，并于1983年交付使用。随后，幻影2000战斗机的出口型先后为埃及、希腊、印度、秘鲁、卡特尔、阿联酋和台湾所引进使用。1998年在克什米尔地区就发生了幻影2000战斗机的首次空地大战。1998年冬季，印度控制下的克

什米尔地区的卡吉尔山区，反印武装在这里建立了军事据点。到了1999年春，印度才发现山地已经被反印武装占领，于是，印度决定使用武力驱赶。由于地形复杂，印军决定动用航空兵进行空中作战，而这次作战是在世界上最高的山地上进行的。

非凡的战斗力

5月9日，印军部队开始作战，交战中由于损伤严重，印度空军决定动用最先进的幻影2000。5月31日，幻影2000接到任务后，安装了先进的"马特拉"激光制导炸弹、美国制造的"铺路石Ⅱ"型激光制导炸弹和航空炸弹，极大加强了对地攻击能力。6月12日，12架幻影2000在米格-29的护航下投入战斗。经过几天的空中作战，攻下了达拉斯地区多块高地，炸毁了反军的补给站。6月24日，更是投下了"铺路石"炸毁了反军的一处指挥中心，同时，还对其他反军目标进行了打击，给反印武装极大的毁伤。

◄ 兵器简史 ►

"米卡"导弹是法国玛特拉公司于1981年开始研制的一种先进中距空对空导弹，是幻影2000进入21世纪主要的空对空武器。该导弹射程远、机动性好、制导精度高，既可用于中距拦射，也可用于近距格斗。

兵器知识

> JAS-39战斗机有"北欧守护神"之称
一架"鹰狮"战机的价格相对低廉

JAS-39"鹰狮"战斗机 >>>

瑞典的飞机制造业发展历史悠久,著名的萨伯公司于1937年4月成立,历经70多年的不断发展,取得了令人瞩目的成绩,设计生产了众多一流战斗机,在技术开发和生产创新等多方面都居于世界领先地位。JAS-39就是该公司研制的集三种战机使命为一体的新型战斗机,它是与美国第三代战斗机相抗衡的现代化战斗机。

◐ JAS-39"鹰狮",是一种截击战斗/对地攻击/侦察的多用途飞机。

初,萨伯飞机制造公司开始研制新一代战斗机,并且进一步改进了飞机的设计思想:新一代战斗机要具备可编程的数字计算机,在执行不同任务、改换飞机类型时,只需要改变相应的程序即可。同时,还要求可以更换不同的武器外件执行截击、攻击、侦察等任务,于是,这种新式战机被命名为JAS-39,其中JAS为JAKT、ATTACK、SPANING三词的缩写,意为拦截、攻击、侦察之意,绰号"鹰狮"。

新型设计思想

20世纪70年代末,瑞典空军仅有一种现代化战机——萨伯-37"雷"。当时,瑞典空军的对地攻击、防空及侦察任务是分别由三种不同的萨伯-37的衍生型号来完成的,因此瑞典空军的预算负担十分沉重。但是,随着美国第三代战斗机技术的不断发展,萨伯-37的技术水平开始显得相形见绌了,面对这种局面,瑞典空军很快就提出了发展萨伯-37替代飞机的要求。20世纪80年代

发展概况

JAS-39战斗机有单座型JAS-39A和双座教练型JAS-39B两种机型。JAS-39A原型机于1988年12月9日首次试飞,生产

JAS-39战斗机机长14.10米,翼展8.40米,机高4.50米,高空中的最大平飞速度为2马赫,起飞着陆距离800米,同时,"鹰狮"具备自成一体的自动预警系统,并不需要驾驶员的特别干预,系统就能提供完整而独立的电子作战功能,如自动终止通信、发射干扰弹等。

型飞机于1993年3月4日首飞。计划在1993年到2002年之间,向瑞典空军交付140架"鹰狮"战斗机,并且在1995年时就开始取代萨伯-37"雷"战斗机,而双座JAS-39B原型机于1990年12月20日首飞,生产型飞机于1996年首飞,并于1998年开始交付使用。早在1992年9月的时候,一架JAS-39战斗机曾参加在英国伦敦市西南郊范堡罗机场举行的航展。在航展中,这架战斗机腾空而起,直插蓝天,表演了倒飞、筋斗、小半径盘旋、大迎角低速通场等一系列高难动作,博得了在场观众的一致好评。如今JAS-39已发展成熟,开始批量装备瑞典国防军。按瑞典政府的计划,未来瑞典空军将拥有300架"鹰狮"。

设计特点

JAS-39的机身细长、有蜂腰,圆锥形头部略向下倾,有悬臂式大面积单垂尾,机身两侧为楔形进气口。飞机的机翼、进气道、起落架舱门均采用先进的复合材料,机身安装一台推力为80千牛的涡轮风扇发动机。从重量上看,该机可称得上"小巧玲珑",与

兵器简史

"天空闪光"是世界上最早的第三代雷达制导中距空对空导弹,与1980年服役的"麻雀"系列比较,在抗电子干扰能力、制导精度、对低空目标的杀伤概率等关键性能上占有优势,机动性相当,只在电子组件的可靠性、最大射程方面略逊,并且不能采用间断连续波制导。

JAS-39驾驶舱的抬头显示。

"雷"相比,几乎轻了一半。JAS-39的外形采用切尖三角形中单鸭翼式布局。JAS-39还安装了新型电子设备,这个设备系统包括一部电子干扰设备、一部雷达、两部控制显示系统,还有一部飞机中心处理设备。在座舱方面,EP-17电子显示系统是"鹰狮"拥有合适座舱的关键,座舱里有3台显示器:一台显示电子活动地图、一台显示多功能传感器信息,还有一台代替机电飞行仪表。当JAS-39在低空飞行时,如果出现危及飞行安全的各种障碍物,如高压线等,显示器将会显示出来并指示飞机爬升。显示器还可以显示出地理和地形特征。3台显示器中,如果有1台失灵,那么其余2台都能代替它显示需要的数据及图像。JAS-39的武器除装备有1门27毫米"毛瑟"BK27航炮外,还有7个外挂点。翼尖挂点可挂"响尾蛇"、"天空闪光"等红外和雷达制导空对空导弹,机翼下可挂重型空对舰导弹、空对地导弹等。

攻击机

　　攻击机，顾名思义就是负责对敌人展开战略攻击的一种机型。它是在战斗机的基础上发展起来的，是军用飞机行列中必不可少的一员。攻击机与战斗机相比，它的作战性能不佳，高速飞行能力不强；与轰炸机相比，它的武器载荷不大，轰炸能力较差，但是攻击机的灵活性和运动型很强，是进行空中攻击，夺取制空权的先导兵。现代攻击机已经进入到了喷气时代，性能变得更为卓越，未来将会向着综合性能强，多用途战机的方向发展。

> 攻击机曾经被认为是不重要的兵器
> 攻击机在战争中发挥了重要的作用

攻击机的发展 »»

攻击机又称强击机，它主要负责从低空、超低空攻击敌方地面或者水面中小型目标。攻击机要求具有良好的低空操纵性和安全性，在飞机的要害部位一般有装甲保护。所谓的"强击"，就是指能够不畏敌人的地面炮火强行实施攻击。攻击机最大的特点就是飞行速度快，机动性能好。攻击机从出现到现在，经过了不短的发展历程。

初期的发展

最早的攻击机是由德国容克公司研制的容克 JI 型飞机，它于 1915 年 12 月 5 日首次试飞，它是一种装有铝合金蒙皮和防护装甲的双翼机，也是世界上最早的全金属飞机，机上装有机枪，载有少量的炸弹，可低空对地面目标进行扫射轰炸。后来容克公司又发展了更先进的 CLI-IV 型攻击机，这款轰炸机由双翼改为下单翼，速度和机动性也有了提高，机上装有二三挺机枪，它在执行危险的低空近距离空战时，显示了良好的性能和作战效果。鉴于第一次世界大战的经验，纳粹德国为准备新的大战，在 20 世纪 30 年代又发展了新的攻击机容克-87 和亨舍尔-123，在当时它们又称为"俯冲轰炸机"。第二次世界大战爆发后，苏联、美国和日本也研制了本国的攻击机。苏联攻击机强调对地面装甲防护性能，美、日则是发展对舰艇进行鱼雷攻击和俯冲轰炸的攻击机。

战后的发展

第二次世界大战后，攻击机又有了新的进步。20 世纪 60 年代后，虽然由于战斗轰炸机的发展取代了一部分攻击机的作用，但仍出现了多种有代表性并在实战中显示了独特作用的攻击机，如美国在越南战争、空袭利比亚和海湾战争中使用的 A-6、A-7 和 A-10，阿富汗战争中使用的苏-25 型攻击机等。而到了现代，攻击机的飞行速度有所

🔻 容克-87 (Junkers Ju 87) 是第二次世界大战纳粹德国空军投入使用的一种俯冲轰炸攻击机。

兵器解密

攻击机因为要接近地面对目标发起进攻，因此受到地面防空火力的极大威胁。在早期，工程师们给攻击机腹部等容易遭到攻击的地方加厚装甲，以抵抗子弹的攻击。这就造就了攻击机和其他军用飞机接人不同的外形和设计理念。

降低，时速一般在 700—1000 千米，转而更强调超低空突防能力和攻击能力，它们一般都装备有机关炮和火箭弹，可载挂精确制导炸弹和空地导弹，具备夜间攻击能力和一定的电子对抗能力。

喷气时代

攻击机跨入喷气时代的时间要略晚于战斗轰炸机。在早期问世的喷气式攻击机中最为有名的要算是美国的 A-4"空中之鹰"舰载攻击机了，该机是美国在吸取朝鲜战争经验的基础上研制的，能对地面目标进行战术攻击和常规轰炸，A-4 于 1952 年开始设计，第一架原型机于 1954 年 6 月首次试飞，生产型于 1956 年 10 月交付美国海军使用。该机与众不同的是，机头右侧装有可进行空中加油的受油管，既可进行加油机加油，也可由携带自足式空中加油装置的 A-4 型机进行伙伴加油。它共有 5 个外挂架，可挂副油箱或各种武器，翼根处装有 20 毫米航炮 2 门。A-4 问世后，因其出色的飞行性能而受到青睐，先后出口许多国家，并有幸成为美国海军"蓝色大使"空中特技表演队

🔺 A-4 天鹰式攻击机是美国海军从 19 世纪 50～70 年代的主力攻击机，它表现出了优良的战斗性能

的专用机种。1982 年，在英国和阿根廷马岛战争中，阿根廷空军装备的 A-4 宝刀不老，一举击沉了英国现代化导弹驱逐舰"考文垂"号，创造了战争史上的奇迹。

未来趋势

随着航空技术的不断发展和战场环境的不断变化，攻击机和战斗轰炸机的地位可能要发生一些变化。在未来的空中战场上，单一用途攻击机的地位将会有所下降。与此相反，多用途的战斗轰炸机发展势头强劲，这一趋势在现代轰炸机中已经有所体现，比如，F-15、F-16、幻影 2000、苏-27 等机型基本上都是一机多用，对于将问世的第四代战斗机，比如 F-22、苏-37、EF2000、"阵风"等机型也都是清一色的多用途机。这些机型不仅有较强的空战能力，同时具有强大的对地攻击能力，从而挑战攻击机的传统地位。

◀ 兵器简史 ▶

20 世纪 60 年代，法国达索飞机制造公司研制的"超军旗"舰载攻击机是一款值得圈点的攻击机。在英国和阿根廷的马岛战争中，阿根廷空军的"超军旗"用"飞鱼"反舰导弹一举击沉英国现代化的驱逐舰"谢菲尔德号"后，"超军旗"攻击机名声大振。

兵器知识

A-6参加过美国轰炸利比亚的军事行动
海湾战争是A-6的最后一次参战

A-6攻击机 》》》

A-6攻击机绰号"入侵者",是美国20世纪60年代研制出的海军双座全天候重型舰载攻击机,主要负责低空大速度的突袭和防御,对敌方纵深目标实施核攻击或非核攻击等任务。它具备特别强韧的攻击力,足以适应自赤道非洲到极地间全域带作战的需要,尤以担任夜间或恶劣天气下的突袭任务而著称,因此有"全季节战机"之称。

诞生背景

音速舰载攻击机的研制开始于1956年。在朝鲜战争期间,美国海军感到迫切需要一种全天候重型舰载攻击机,与之前的已经装备的舰载攻击机相比,新的攻击机必须装备更为先进而全面的航电武器系统,从而获得可靠的全天候低空突防能力,可以携带较大的有效载荷并能准确地向目标进行投掷。1957年5月,美国海军正式招标。12月底,在八大飞机制造公司提出的11种建议中,美军选定了格鲁曼公司的方案。1960年4月19日第一架原型机试飞,1963年7月生产性A-6攻击机开始装备海军部队,服役时间长达30余年,其中最先进的改进型A-6E生产了700架,总产量达到了4位数。

结构性能

A-6攻击机采用普通全金属半硬壳结构,装有两台发动机的机身腹部向内凹,后机身两侧有减速板,由不锈钢制成。机翼为悬臂式全金属中单翼,有液压操纵的全翼展前缘襟翼和后缘襟翼。飞机的起落架为三点式,前起落架为双轮式,向后收起,主起落架为单轮式,向前、向内收入进气道整流罩内,机身腹部有着陆钩。A-6攻击机安装有两台普拉特·惠特尼公司的涡轮喷气发动机,

A-6入侵者式攻击机是一架由格鲁曼公司生产的双引擎、中机翼攻击机。

A-6 攻击机机长 16.69 米,翼展 16.15 米,最大起飞重量为 26580 千克,最大载弹量为 8165 千克,正常飞行速度为 1005 千米/小时,巡航速度为 765 千米/小时,初始爬升率为 2325 米/分钟,实用升限为 12925 米,航程为 5220 千米。

机翼下挂有 4 个副油箱,机身中心线下挂一个副油箱,座舱风挡的前上方装有可收放的空中受油管。在机载设备方面,A-6 攻击机装备有一部 AN/APQ-148 模拟式导航/攻击雷达,IBM 公司的导航/攻击计算机,利顿公司的 AN/ALR-67 雷达预警接收机,同时,它还改装了机载移动目标批示系统,增加侦察移动目标的能力。

武器装备

A-6A/B/C 型战机可供选择的武器有很多,包括 70/90 毫米火箭弹、28 枚 Mk-20“石眼”航空炸弹、Mk-77 凝固汽油弹、28 枚 Mk-81 或 Mk-82“蛇眼”(227 千克)航空炸弹、13 枚 Mk-83(454 千克)航空炸弹、5 枚 Mk-84(908 千克)航空炸弹、20 枚 Mk-117(340 千克)航空炸弹、28 枚 CBU-78 激光制导炸弹、GBU-10E/GBU-12D/GBU-16B 激光制导炸弹、AGM-123A“机长”II 空地导弹、AGM-45“百舌鸟”反辐射导弹、AGM-62 空地导弹和 AIM-9L/M“响尾蛇”空对空导弹等。从 A-6E 以后,可使用的武器又增加了 AGM-65“幼畜”空对地导弹、AGM-84

A-6 攻击机与 AGM-123A“机长”II 空地导弹。

“鱼叉”反舰导弹、AGM-88“哈姆”反辐射导弹等。

不凡的表现

A-6 攻击机服役期间,曾参加过多次局部战争和武装冲突,实战表现可谓可圈可点,其中参加的最早也是最长的当属越南战争。越战中最先装备 A-6 的作战部队是“福莱斯特”号航母上的第 75 舰载攻击机中队,1963 年 7 月开始交付。经过 1965 年春季的备战,该中队 5 月被编入“独立”号航母上的第 17 航空联队,驶向越南战场。同年的 7 月开始轰炸北越目标,包括桥梁、电厂、兵营、军需仓库和铁路设施。1965 年 11 月,“小鹰”号航母载着第二个 A-6A 攻击队——第 85 攻击机中队抵达越南。从 1965 年到 1973 年,A-6 攻击机在越南共执行了 35000 架次的战斗任务,投弹量甚至超过了 B-52 轰炸机,表现不俗。

兵器简史

海湾战争后 A-6 逐渐退出现役,从 1993 年起每个舰载航空联队只保留 1 架 A-6 攻击机中队。1996 年 12 月 19 日 A-6 从“企业”号航母上起飞,进行最后一次海上飞行。1997 年 2 月 28 日最后两个 A-6 攻击机中队退役。

> 英国"旋风"是地对地制导火箭弹系统
> "环礁"导弹在中东战争中广泛使用

苏-25 攻击机 >>>

苏联陆军为了增加大规模摩托化常规地面战争的胜算,于是研制推出了苏-25攻击机,绰号为"蛙足"。苏-25是苏联苏霍伊设计局研制的亚音速单座近距支援攻击机。苏联自第二次世界大战中立下赫赫战功的伊尔-2攻击机装备部队之后,就一直没有研制专用的近距离支援攻击机,直到苏-25出现才打破了这种局面。

◐ 苏-25攻击机构型简单实用,战场生存性佳,是苏联的主力攻击机机种之一。

攻击机改装了推力更大的两台P-195涡轮喷气发动机。之后,为了适应新发动机,发动机短舱尾部也经过修改,在机尾喷口处作了红外屏蔽处理。苏-25攻击机在1981年正式投入批量生产,1984年开始装备部队。苏-25经过阿富汗战争的考验,在对地面目标的攻击中表现得尤为出色,是苏联空军最有效的一种对地攻击武器。

发展概况

苏-25攻击机于1968年由苏联苏霍伊飞机制造局负责开始研制,首架原型机于1975年2月首次试飞,代号为T-8-1。T-8-1装有两台RD-9无加力涡轮喷气发动机,单台推力4500千克,机上装有组合式双管机炮,炮管可由飞行员控制向下偏转。编号为T-8-2的2号原型机也安装RD-9涡轮喷气发动机,机炮炮管为固定式。后来苏-25

设计结构

定型后的苏-25为两侧进气式正常布局,大展弦梯直机翼,三梁式结构,具有良好的亚音速性能和低空机动性能。机翼前缘有20°后掠角,有下反角,翼后缘分三段,外段是液压驱动的副翼,手动操纵功能作为备份;内两段是双缝襟翼,有多重补偿片。翼尖处有小舱,内装电子对抗设备,小舱下

苏-25攻击机的主要特点是：能在靠近前线的简易机场上起降，执行近距战斗支援任务，反坦克能力强，低空机动性能好，可在载弹情况下，在低空与武装直升机米-24协同，配合地面部队作战，防护力也较强。

兵器解密

苏-25在战场上配合地面部队作战，攻击坦克、装甲车等活动目标和重要火力点。

部有可收放的着陆灯，小舱的后部形成减速板。苏-25为全金属半硬壳式结构，机身短粗，全焊接座舱的底部及四周装有24毫米的钛合金防弹装甲，操控由传动杆驱动，具有很强的生存能力，可以抵御一般的地面炮火的攻击。发动机舱由不锈钢板制造，油箱间充有阻燃泡沫。发动机可使用前线机场中的各种燃油，容量高达3600升的机体油箱使用了自密封技术，进一步提高了生存力。另外还可以在机翼下挂载四个PTB-1500副油箱，以增加航程。

座舱与武器

苏-25攻击机的座舱为单座K-36D弹射座椅，座舱盖与中央段机身顶部齐平。座舱盖向右侧打开，顶部有一面小的后视镜，风挡为平板防弹玻璃。机身左侧内有折叠式登机梯。机载设备机头风挡下面有激光测距器以及目标标识器，风挡前面及尾翼下部有SRO-2敌我识别系统天线。"警笛"3雷达告警系统的天线位于垂尾的上部。机头的顶部装有拍摄对地攻击效果的录像设

备。在武器方面，机身左侧有一门30毫米双管机炮，机翼下总共有8个挂架，可携带4400千克空对地武器，包括57毫米和80毫米火箭、500千克燃烧弹、化学集束炸弹、空对地导弹、"旋风"反坦克导弹，两个外翼挂架可带"环礁"或"蚜虫"空对空导弹。

出口型苏-25

苏-25T/TK型是专门为执行反坦克任务而发展的改进型。原型机于1984年8月试飞。该机从苏-25UB型改进而来，其座舱后的机背向上拱起，内部容积加大，可加装新型电子设备及更多的燃油。可带微光电视导航/攻击系统吊舱，可在夜间识别3000米外的主战坦克。所携带的武器包括装于机腹前起落架左侧的30毫米双管机炮，每侧翼下各带一束代号为"旋风"的管发射式反坦克导弹，射程10千米。在1991年迪拜航展上，该机的出口编号为苏-25TK。

◀━━━ 兵器简史 ━━━▶

苏联入侵阿富汗战争后，前苏军对苏-25攻击机进行了全面的升级改造，推出了"苏-25T"、"苏-25TM"、"苏-25TK"等一系列改进机型。这些机型配备有全新的导航系统，装备了先进的测向雷达，可准确提供飞机的位置，还采取了有效地防护措施，提高了飞机的生存和突防能力。

兵器知识

> A-10攻击机于1984年3月停止生产
A-10被美国地面部队称为"守护天使"

A-10 雷电攻击机 >>>

纵观世界各国空军装备的主力战斗机,其外形线条都十分流畅,或棱角分明,或曲线平滑,但有一种战斗机的外形却实在令人难以恭维,它就是美国空军的A-10"雷电"攻击机,绰号又叫"疣猪"。A-10的长相虽然十分怪异,但是并没有影响到它的性能,鉴于它在战争中的出色表现,美国国防部曾给予它高度的评价,因此显赫一时。

🎧 A-10是当时西方最好的亚音速攻击机,其主要作战目标是坦克群、战场活动目标和重点火力点。

研制背景

1947年美国空军正式从陆军中分离出来,成为了一个独立军种。在分家之后,美国空军也同时承担着对陆军提供全力支援的任务要求。可是,当时的空军飞机装备并不齐备,空军战机往往是从军方专门为海军提供的机型中选取,加以改进得到的,在攻击机的装备上也只有活塞式A-1攻击机一种机型。在越南战争的作战上,空军本身能够提供支援的机种越来越少,这时才使美国空军意识到,必须发展属于空军的专用机种,来进一步地加强自己与陆军协同作战的能力。1966年,美国空军参谋长下令对空军提出的任务需求展开研究。同年8月,此项研究顺利完成,研究报告显示:空军当时没有适当的飞机能够满足与陆军的协同配合作战的任务,建议空军采购一种专门设计用于配合任务的机种,并且新的机型在性能上不能比A-1攻击机低,而成本必须低于海军拥有的 A-7 攻击机。至此，空军正式展开了"A-X"设计与采购计划。

A-X 计划

1966 年 9 月美国空军正式展开攻击机试验计划，并在 1967 年 3 月对 21 家公司发出需求和征求专案计划书。经过研讨，1970 年，A-X 计划的设计需求定案：攻击机的发动机选择交由研制公司决定，战机要能携带 4309 千克的武器装备，在指定地区巡逻两个小时下的作战半径为 402 千米，起飞距离低于 1219 米，机动性能高，要能在 305 米的云层高度下自如运动，同时要求简化维修和操作的难度，最为重要的是每一架的采购成本大约在 140 万美金。除此之外，美国国防部决定采用"先飞再买"的新采购制度，利用竞争的方式压低成本，提高原型机的性能期望。需求案在 1970 年 5 月发给 12 家公司，其中波音、通用动力、洛克希德与诺斯罗普等公司都提出了他们的设计方案。12 月，空军宣布诺斯罗普和费尔柴德两家公司的设计案获选，进入到原型机设计与竞标阶

A-10 的两架原型机之一的 YA-9。

长相怪异的 A-10 雷电攻击机。

段。1971 年，美国空军将飞机的正式编号送交两家公司，诺斯罗普公司为 YA-9，费尔柴德公司为 YA-10。

"雷电"诞生

经过研制，两架公司的原型机终于亮相了。诺斯罗普公司的 YA-9 机身细长，正常布局，拥有平直的上单翼与带有上反角的平尾，短小的发动机舱紧贴在机身两侧，进气道与进气口看上去比较原始，尖尖的机头上有漂亮的气泡式座舱，起落架显得很短，总共生产了两架原型机。费尔柴德公司也生产了两架原型机，在首先考虑到飞机造价因素后，该公司进一步考虑到攻击机的防护力、反装甲及对目标攻击力、目标搜索能力、短距起降、高出动率与低维修费用、地勤的便利、生产的便利等方面的因素。YA-10 第一架原型机在 1972 年 5 月 10 日进行了首飞，YA-9 在该月底又进行了第一次试飞。在军方对两架飞机进行过全面评估之后，1973 年 1 月，美国空军宣布费尔柴德公司的 YA-10 获胜，该公

A-10 宽且直的机翼设计使其能于短距离起飞或着陆,能迅速地进出前线战区,并拥有可靠的低速飞行能力和惊人的续航力。

可以简化设计、减轻结构重量,还可以避免因 30 毫米 7 管炮射击造成的发动机吞烟,在起降时可最大限度避免发动机吸入异物。两个垂直尾翼增加了飞行安定性,作战中即使有一个垂尾遭到破坏,不致使飞机无法操纵。长长的机翼不仅可以提高航程,还可以实现短距起降,下垂的翼端设计还可减小阻力,增加约 8% 的航程。机翼后缘外侧副翼上下面可分离,打开时可充当减速板。平直机翼可保证在小速度与低空的机动能力,特别是对地攻击所需的大角度俯冲能力,从这些细节看,A-10 的设计可谓看似普通,实则超凡。

司赢得生产合同。之后,更名为 A-10 攻击机。生产型 A-10 于 1975 年 2 月首次试飞,10 月 21 日首架生产型飞机开始试飞,同年开始装备空军。为纪念公司前身共和公司在第二次世界大战时期设计生产的战功卓著的 P-47"雷电"战斗机,费尔柴德公司将该机称为"雷电"II,但是飞行员们更愿意称它为"疣猪"。

超凡的设计

A-10 攻击机没有辜负美国空军的期望,终于成为首架专门为空军研制的喷气式攻击机,从而跻身于美国 20 世纪 70 年代开始投入使用的四大主力战机。乍一看,A-10 的外观似乎显得落后,与同期追求先进气动布局的高性能战斗机相比,显得极不相称,甚至有些另类。实际上,A-10 设计得相当巧妙,非常适合低空作战。该机所采用的中等厚度大弯度平直下单翼、尾吊双发、双垂尾的正常布局,是决定其成为优秀武器平台的关键。这种设计不仅便于安排翼下挂架,而且有利于长长的平尾与两个垂直尾翼遮蔽发动机排出的火焰与气流,有利于抑制红外制导地空导弹的攻击。尾吊发动机不仅

机载武器

A-10 作为美国空军主要的近距支援轰炸机,主要用于攻击坦克群、战场上的活动目标及重要的火力设施,为地面部队扫除障

A-10 挂载的小牛导弹。

A-10攻击机机长16.26米,翼展17.53米,作战空重11321千克,最大外挂重量7250千克,作战飞行速度713千米/小时,巡航速度为623千米/小时,实用升限9144—11000米,爬升率30.5米/秒,最大作战半径1000千米,起飞距离1372米。

兵器解密

◀兵器简史▶

与F-15、F-16等飞机相比,"雷电"的型号较少,真正投入服役的型号更少。该机总共生产了各型飞机713架,截至到2002年年底还有328架在服役。其型别有:A型为基本型、B型为双座全天候型,但未批量生产。

碍。该机机载武器品种繁多、火力强劲、使用灵活。

"雷电"的主要机载武器有1门30毫米机炮,备弹3350发,射速为每分钟2100—4200发,主要用于攻击坦克和装甲车,威力较大。另外,有11个外挂架,机身下1个、中央翼下2个、内翼段2个、外翼段6个,可以外挂的武器有:28枚MK-82或6颗MK-84多功能炸弹,8颗900千克炸弹,8颗BLU-1或BLU-27燃烧弹,4个火箭发射器,20颗"石眼"II子母炸弹,6枚AGM-65"小牛"导弹和2枚AIM-9E/J"响尾蛇"空空导弹,MK-82或MK-84激光制导炸弹,MK-84电光制导炸弹,两个20毫米SUU-23航炮吊舱,电子对抗舱,4个SUU-25照明弹发射器。随着机载武器的发展,A-10的外挂武器还在不断地更新。不管怎样,反坦克作战始终是该机的首要任务。

➡ A-10主力武器是30毫米的反战车用GAU-8复仇者加特林机炮,是有史以来威力最强大的战机机炮,其火力及速度可以直接打穿战车。

参战经历

真正使A-10名声大噪的是其在海湾战争中的卓越表现。A-10在1991年1月17日至2月28日期间,在参加的"沙漠风暴"行动中共出动8077架次,主要用于执行战场遮断和近距空中支援任务。此外,还执行了防空压制、搜寻"飞毛腿"导弹和战场救援等任务。在整个战争中,A-10发射了4801枚"小牛"导弹,占其在这次战争中被使用量的90%以上,可靠率达94%,总共击毁伊军坦克和装甲车辆至少330辆。1月29日,A-10飞行队在夜间攻击了入侵沙特阿拉伯的伊拉克军队,毁坏了伊军24辆战车。2月25日,两架A-10出击3次,破坏伊军战车23辆,先后两次击落直升机。2月6日,A-10使用加特林机炮击落1架BO-105直升机。2月15日,用同样方法击落1架米-8直升机。

EA-6A 电子攻击机 >>>

EA-6A 电子攻击机，绰号为"徘徊者"，是一种双引擎中单翼的舰载机，专门担任电子作战任务。目前，在美国军队服役的是它的改进型——EA-6B。"徘徊者"是为了满足美国海军电子对抗护航任务要求而研制的，它是利用执行攻击和监视任务时，破坏敌人雷达和通信装置，从而达到保护美国海军舰船和飞机的目的。

不幸夭折

EA-6A是美国海军陆战队为了取代已经老旧的 EF-10B 电子作战机所提出的制造需求。EA-6A 攻击机的机体完全沿用了 A-6"闯入者"攻击机的基本设计，由美国格鲁门公司负责研制。前6架 EA-6A 为改装机，机体是由双座的 A-6A 攻击机改良而成的，初期编号为 A2F-1Q。改良计划于1960年年底展开，第一架飞机于1963年4月试

早期型的 EA-6A 攻击机。

飞，同时将编号改为 EA-6A。之后，还生产了一批新的飞机。EA-6A 的6架改装机、15架新生产的飞机，全部于1969年11月交给美国海军陆战队使用。1985年，原本打算以 ALQ-126B 取代 ALQ-41 设备，加装新的雷达预警接收器以及和飞行有关的新系统，但是，经过评估 EA-6A 在作战效果与能力方面提升的价值相当低，因此将经费转移到了新机种的采购上。

改装之处

EA-6A 与 A-6 在外观上最大的差异是：EA-6A 加装了在垂直安定面顶部的荚舱，这个荚舱的空间用来容纳 ALQ-86 接收机或侦测系统所使用的30个天线。此外，两边机翼翼端的空气煞车面也被取消。除了荚舱当中的 ALQ-86 以外，其他的电子作战设备也是以荚舱的形态挂载于两边机翼的挂架上。这些设备包括：ALQ-76 干扰系统、ALQ-55 通信干扰系统、ALQ-41 干扰丝散布

兵器解密

EA-6A 攻击机机长 18.24 米，翼展 16.15 米，机高 4.95 米，最大平飞速度为 1048 千米/小时，巡航速度为 774 千米/小时，最大爬升率为 65.5 米/秒，实用升限为 12550 米，起飞距离 823 米，着陆滑跑距离为 579 米。

器等等。原先 A-6A 机身内部支援对地攻击的航电系统大部分都被拆除，不过有限度的全天候轰炸能力仍被保留。改良计划也包含有携带与发射百舌鸟反辐射导弹的能力，但是越战期间陆战队的飞行员却很少使用此功能。

EA-6B

EA-6B

EA-6B 是格鲁门公司在 EA-6A 基础上改进研制的 4 座舰载电子干扰机。格鲁门公司于 1966 年秋签订研制合同，开始进一步的研制工作。1968 年 5 月 25 日 EA-6B 首飞，1971 年 1 月开始交付部队使用，总共生产了 170 架，最后一架飞机于 1991 年 7 月 29 日交付部队。EA-6B 完全是为电子战而装备起来的，可以远距离、全天候进行高级的电子干扰活动。EA-6B 大幅度改进原先的设计，加长机身与放置电子设计的空间，机上的成员由两名增加为四名，其中前座只有一名飞行员，另外一名人员与机舱后方两

名人员，共三人都是电子作战人员。EA-6B 有两个引擎，机翼位于机身中部。它的前部有一个设备箱，在它的垂直尾翼上还有一个装有附加航空设备的舱。EA-6B 于 1968 年 5 月 25 日首次试飞，在 1971 年加入了海军服役。在美军计划中，EA-6B 将会在 2009 年退役，之后将会被 EA-18 代替。

"徘徊者"

EA-6B 服役后，被布置在"中途岛"号航空母舰上，编入美国海军陆战队电子战第二中队。1980 年该中队完成了飞机在行舰上的部署，之后驻扎在日本横须贺基地，后来该中队还曾在"萨拉托加"号、"美国"号航母上服役。海军陆战队的"徘徊者"还可布置在预先准备好的地面机场上或提前配置的"远征"机场上。海军陆战队所拥有的 EA-6B 的不同之处在于其独特的"战术电子处理和评估系统"，这一系统能为 EA-6B 提供任务分析和作战信息升级等信息。

◀▶ 兵器简史 ◀▶

EA-6B 的型号包括：原型机共 4 架、标准型 24 架和 ICAP-I 型，ICAP-I 型增强了电子干扰能力，共生产了 45 架。到 1983 年所有 EA-6B 都按这一标准进行了改进。EA-6B 现役的批次是 ICAP-IIBlcok82，电子干扰能力进一步加强，共 72 架，是 EA-6B 的标准型。

> "咆哮者"曾是最强电子干扰攻击机
> 美国首支"咆哮者"中队是"天蝎"分队

EA-18 电子攻击机 》》

EA-18攻击机绰号"咆哮者",是美国国防部考虑取代EA-6B"徘徊者"电子攻击机而研制的战机,是美国海军最新的机载电子攻击机,它是双座战斗机F/A-18F"超级大黄蜂"派生型号。EA-18能够执行多种电子攻击任务,可以干扰、压制以及用反辐射导弹摧毁敌方雷达,还能干扰敌方通信,从而保护、协助己方飞机或地面部队执行作战任务。

◀ F/A-18F"超级大黄蜂"

法为速度越来越快、性能越来越好的新型超音速战机执行护航任务;"徘徊者"机翼和机身下外挂点少,而4名机组人员又要占用很大的机身内部空间,使飞机无法携带更多的任务载荷。所以按照美军计划,服役近30年的EA-6B将逐步退役。

"徘徊者"退役

美军的电子攻击机在作战编队中占有十分重要的地位,并在近年来的局部战争中发挥了极其重要的作用。但是,由于美国空军EF-111"渡鸦"电子战飞机的全面退役,美国海军的EA-6B"徘徊者"就成为美国唯一可提供电子干扰和压制的专用电子攻击机了。尽管美国专门开展了一个名为"改进能力III"的项目来改进EA-6B的性能,但是EA-6B的先天不足严重制约了它执行任务的能力:"徘徊者"是一种亚音速飞机,无

新的继任者

对于"徘徊者"的继任者,美国空军曾考虑将B-52重型轰炸机改装成EB-52防区外干扰飞机,执行防区外干扰、护航干扰、欺骗干扰以及反辐射攻击等电子攻击作战任务。但EB-52也是亚音速飞机,基本上未采用任何隐身技术,而且其自卫的能力很弱,很难与高性能战机编队飞行。相比之下,美国海军和波音公司提出的EA-18电子攻击飞机,采用F/A-18F的机身,在结构上可以

全频段电子干扰，就如同你为扰乱两个人的谈话，而特地搬来一个大功率的功放喇叭，这样虽然能达到干扰目的，但由于喇叭的存在你也无法听到任何一方的谈话。但诺斯罗普公司的ALQ-218接收机子系统却既可以让交谈双方无法交流，同时又令你可以听清他们说话。

兵器解密

保证有效的使用寿命，在性能上能够很好地与现役战术飞机配合，特别是它的外挂点多达11个，在执行任务方面具有灵活性，可以满足包括护航干扰和防区外干扰攻击等不同任务需求，功能比EA-6B强大得多，于是，EA-18成为"徘徊者"新的继任者了。

发展历程

  2001年，美国波音公司正式接受了研制任务，对F/A-18F飞机进行改进与重新配置。同年11月15日，此架被称为F/A-18F1的战机完成了首飞，这就是EA-18的原型机。原型机飞行性能测试在9000米高空成功进行，飞行速度达到了0.9马赫。截至2002年8月24日，这架原型机共完成了5次试飞，之后转入地面综合实验室测试。首架EA-18电子攻击机于2008进入美国海军服役，并于2009年形成初始作战能力。美国海军表示，今后将计划采购90架EA-18，最终于2015年完全取代EA-6B，成为美国海军的中流砥柱。

性能优势

  "咆哮者"与EA-6B相比，在飞机性能上作了不少改进："咆哮者"使用了先进的AESA有源电子扫描阵列雷达系统，经过改良的通信系统，以及更为强大的火力系统。此外，EA-18的飞行速度更快，战场生存能力也大大强于EA-6B。EA-18拥有十分强大的电磁攻击能力，飞机凭借诺斯罗普公司为其设计的ALQ-218V战术接收机和新型ALQ-99战术电子干扰吊舱，可以高效地执行对地空导弹雷达系统的压制任务。与以往拦阻式干扰不同，EA-18可以通过分析干扰对象的跳频图谱自动追踪其发射频率，并采用"长基线干涉测量法"对辐射源进行更精确的定位以实现"跟踪—瞄准式干扰"。此举大大集中了干扰能量，首度实现了电磁频谱领域的"精确打击"。此外，该机还有目前世界上唯一能够在对敌实施全频段干扰时仍不妨碍电子监听功能的系统。

⏷ EA-18G

> AV-8起飞滑行距离不到F-16的1/3
> AV-8攻击机夜间战斗力很强

AV-8 攻击机 »»

AV-8 攻击机是美国海军陆战队的垂直/短距起落攻击机,有两种型别,分别为 AV-8A 和 AV-8B。A 型是美国海军陆战队购买英国"鹞"式Mk50垂直/短距起落攻击机后,对战机的重新编号,该机主要用于近距空中支援和侦察,B 型是 A 型的改进机型。在美国军事史,几乎没有引进过别国的战机,但是 AV-8 攻击机却是一个特例。

AV-8A

英国"鹞"式垂直起降战斗机成功研制后,美国海军陆战队深感这一战斗机能满足海军陆战队前线航空火力支援部队的需要。因此,美国海军陆战队购买了一批英国"鹞"Mk50,重新编号为 AV-8A,用于近距离空中支援和侦察。"鹞"Mk50与英国的"鹞"GR.Mk3 基本上一样,但英国宇航公司应美国要求进行了细节改进,如增加了使用"响尾蛇"导弹的能力等。最初出口美国的10架 AV-8A 装有"飞马"102 发动机,之后的改装为"飞马"103 发动机。最终美国海军陆战队共购买 102 架 AV-8A,后来又订购 8架装"飞马"103 发动机的双座"鹞"Mk54,改名为TAV-8A,用于作战训练。第一架 AV-8A于 1971 年交付美国海军陆战队,至 1977 年全部交付完毕。

AV-8B

美国海军陆战队在驾驶 AV-8A 战机后,认为 AV-8A 基本符合要求,但是期望对其作进一步的改进,以提高整体作战性能。于是就促生了 AV-8B 垂直起降攻击机的诞生。AV-8B 战机是由美国麦道公司和英国宇航公司联合研制的,于 1983 年开始服役。机体制造工作的 60% 由麦道公司承担,其余 40% 由英国航宇公司承担。最初的 6 架 AV-8B 是由 AV-8A 改装而来的,经试验定型后,投入批量生产。AV-8B 型根据美军具体需求进行了深入的改进,主要改进包括改进座舱盖,使用了视野良好的水滴形舱盖;更新了电子设备。它有 7 个外挂挂架,可挂 AIM-9M "响尾蛇"近距空对空导弹、AGM-65"小牛"反坦克导弹、普通炸弹、

↑ 一架正在起飞的 AV-8B

AV-8攻击机机长14.11米，翼展9.24米，最大平飞速度为0.92马赫，最大航程为3780千米，最大作战半径为817千米，续航时间大约3小时，最大起飞重量为14061千克，最大外挂重量为4173千克，短距起飞滑跑距离为435米。

兵器解密

↑ AV-8B

火箭弹等。AV-8B初始造价为2370万美元，相当昂贵。AV-8B还有一种教练机改进型TAV-8B。

设计特点

AV-8B在机体结构上采用了碳纤维复合材料制造的机翼、机身部件及尾翼，采用超临界翼型，加装了升力辅助装置。该装置由装在机身上或装在机炮舱下的整流片及舱前的可收放式挡板组成，可以在垂直起飞时增大升力。飞机加大了机翼后缘襟翼和下倾副翼，重新设计了发动机进气道，垂直起飞和短距起飞时发动机推力得到加大，巡航飞行的效率提高。在电子设备方面，加装了休斯飞机公司的角速度轰炸装置。此外，

英国航宇公司曾为英国"鹞"式的"大翼鹞"改进型设计了前缘边条，AV-8B采用了这一设计，但边条大小只有原设计的64%。这一改进使AV-8B的瞬时盘旋能力大大改善，增强了空战格斗能力。

先进的机载设备

AV-8B采用装有一台"飞马"11-21推力转向涡扇发动机，推力95.86千牛。在1986年后半年，开始加装余度数字式发动机控制系。机翼中设有整体油箱，内部总装油量4163升，还安装有可收放式空中受油杆，可以进行空中加油。垂尾根部设有机背进气口，供设备舱冷却系统之用。垂直起飞时最大有效载荷约3062千克，可带燃油、武器和弹药，以及供发动机喷水时使用的水。AV-8B的机载设备比"鹞"和AV-8A有很大的改进，装有2台超高频通信电台、全天候着陆接收机、雷达高度表、敌我识别器等装置。这些机载设备都十分先进，充分地体现了美国在航空电子作战设备上的领先地位，使得AV-8B的作战能力远优于早期的"鹞"，也使得AV-8B的改进型不久就返销英国。

◆◆◆ 兵器简史 ◆◆◆

1991年在海湾战争中，美国海军在沙特阿拉伯部署了60架AV-8B，参与了对伊拉克的空袭。在"沙漠军刀"行动期间，伊拉克炮兵对突入雷区和障碍地带的多国部队构成严重威胁，美军使用AV-8B和A-10等飞机实施压制。

兵器知识

> 印度空军将美洲豹命名为"正义之剑"
> 印度1980年成立首支美洲豹攻击机队

美洲豹攻击机 》》》

美洲豹攻击机是由英、法两国合作研制的双发超音速攻击机。其机身修长，机鼻尖细，采用后掠高单翼设计，是一款综合性能不错的攻击机。该机研制成功之后，由印度进口，并于1978年开始获准生产，早期数量达到124架，其中有45架在印度装配，31架由印度仿制，美洲豹攻击机已经成为了印度空军的主力战机之一。

"美洲豹"的由来

20世纪50年代末，为了满足新的飞行员训练要求，英国开始寻求一种能够解决训练以及执行低空攻击任务的新型飞机。60年代初，法国也需要新的战机来淘汰T-33型、神秘Ⅳ式等战机，并且在1964年4月开始推动战斗学校与战术支持计划，即ECAT计划。因此，在有类似研发计划的情况下，英、法为了满足两国对于多用途先进教练机以及战术支持飞机的共同需求，便达成协议，决定由法国达索

🔸 美洲豹攻击机。

公司与英国BAE公司合组的赛普卡特公司共同研发美洲豹式单座攻击机和双座教练机，以执行近接支持、战场空中阻绝以及战术侦察等任务。首架原型机美洲豹式A型于1968年9月在法国第一次试飞成功，而美洲豹式B型则于1971年8月首次试飞。

发展历史

英国最初计划只是采购150架双座教练型，后来更改为采购165架单座攻击型（S型），军方型号为美洲豹式GR. Mk1型，以及35架双座战斗教练型（B型），军方型号为美洲豹式T. Mk2型。英国的美洲豹式自1973年开始交机，首先配属第226作战转换中队，至于法国空军原先预计采购单座型（A型）和双座型（E型）各75架，后来也改为采购160架美洲豹式A型和40架美洲豹式E型，并于1972年正式组成战斗中队。英国美洲豹空军在全盛时期，在英国本土和

正在高空中进行空中演习的美洲豹攻击机

西德境内共驻防有8个战机中队,分别是第二、六、十四、十七、二十、三十一、四十一以及五十四中队。英国还保有科尔蒂瑟尔基地的第六、四十一中队,以及科宁斯比基地的快速喷射机和武器转换评估单位,并曾在伊拉克、巴尔干半岛等地执行联合国任务。1990年英国空军曾考虑裁减现役的美洲豹式机队,但由于在1991年第一次海湾战争期间表现良好,加上新一代台风式战机交机时限一再拖延,所以原本到2008年退役的美洲豹攻击机,服役年限便被延长了。

外形与武器

美洲豹攻击机的机身修长,机鼻尖细,采用后掠高单翼设计,搭配全动式水平尾翼以及大型单垂直尾翅,矩形进气口位于座舱后方的机身两侧,进气道上方与机翼相连形成翼根延伸面。机尾喷嘴位于水平尾翼的前下方,并略微向下,发动机舱下方设有两个腹鳍。主起落架为并列双轮式设计,鼻轮则为单轮式。泡形座舱搭配向后上方开启的座舱罩,双座型座舱为纵列式设计,座舱罩也是各自独立,同时机鼻因没有安装雷达而更为尖细。美洲豹战机单座型的固定武装为座舱下方机身内的两门30毫米的机炮,其中英国采用Aden型机炮,法国则采用DEFA553型,双座型则仅保留左侧的一门机炮。机腹和两边翼下共有5处挂载点,总共载重量4500千克,另外有两具特别挂架,位于机翼上方,用来挂载短程空对空飞弹。

美洲豹式攻击机可配备的武装,包括马特拉公司R550型魔法Ⅱ式、"响尾蛇"、A-RAAM空对空导弹、鱼叉反舰导弹、AS30型雷射导引空对地导弹、AS37型反辐射或雷射导引导弹、铺路Ⅱ、Ⅲ型雷射或GPS导引炸弹、Martel火箭、CRV-7型火箭荚舱、通用炸弹、CBU-87型集束炸弹、JP233型跑道破坏弹,以及侦照、电战荚舱等。此外,法国空军的美洲豹还可挂载AN52型战术核弹。此外,副油箱可携挂在机腹中线或两边翼下,执行侦照任务时,机腹中线则可携挂一具装有传统底片的相机和传感器的联合侦察荚舱,也能加挂空用热影像或镭射标定荚舱,以发射精准导引武器。

美洲豹攻击机编队。此编队采用传统的队形，大大增强了攻击机的战斗力，使美洲豹势如破竹。

美洲豹的差异

虽然美洲豹战机系列是由英、法两国合作研发的，但是其实两国在许多规格和采用的装备上却是各行其是。其中，法国空军的美洲豹式配备两具Adour102型喷射发动机，每具最大后燃推力3316千克，机上配备空用多普勒雷达、光学瞄准器，以及ATLIS空中雷射照明兼追踪系统等。英国的美洲豹式则配备两具透博梅卡或者劳斯莱斯公司的Adour104型涡轮喷射发动机，每具推力

3313.5千克，最大后燃推力为3648千克，机上装有史密斯公司的抬头显示器和马可尼公司的导航兼攻击武器瞄准系统，其中包括MCS920M型数字式空用计算机、惯性导航系统、投射式地图显示器等，而且在机鼻下方还配备有雷射测距或标定仪。

远销印度

美洲豹式外销型战机，在原有机型的基础上可以选择配备Adour Mk804型或Mk811型喷射发动机，前者最大后燃推力与Adour Mk104型相同，后者则增为4207千克，而机上的航电系统与英国的战机类似。美洲豹式战机最后的总生产量超过570架，除了主要的英、法两国之外，还曾外销给阿曼24架、厄瓜多尔12架、阿尔及利亚18架，而印度则多达116架。早在研发阶段，1968年时，赛普卡特公司便已经向印度空军推销美洲豹式战机了。直至1978年，印度政府才

兵器解密

空战中导弹的引爆可以分为两种方式，一种是直接点火，另一种就是脱离后点火。大部分空面导弹，包括空对地、空舰导弹等都采用的是脱离后点火，而大部分近距空对空导弹则采用的是直接点火，但也有例外。

正式决定采用美洲豹式战机，作为该国深入穿透打击型战机。1979年4月，印度政府签约采购130架美洲豹战机，还包括技术转移、授权生产等相关事宜。同年7月，第一批两架先行向英国空军租借的美洲豹式战机，包括单座、双座型各一架，由英国飞抵印度。新生产的美洲豹式战机中，第一批35架由英国生产，配备Adour Mk804E型发动机，其余则由印度HAL公司在国内生产，改用Adour Mk811型，迄今大约制造了100架飞机。

改良美洲豹

由于，原来美洲豹战机上的NAVWASS系统可靠度不佳，于是印度空军对其进行了显示攻击测距惯性导航的改良计划，即DAR-IN计划包括换装法国萨吉姆公司的ULISS 82型导航系统、史密斯公司的抬头显示器、Crouzet公司的大气资料套件，以及弗兰尼蒂公司的联合地图兼电子显示系统等，但仍沿用原来的弗兰尼蒂公

司雷射测距目标标定装置。第一架经过DARIN改良的印度空军美洲豹战机，于1982年12月首度完成试飞。性能提升后的美洲豹式战机于1982年达到初期作战能力，1983年全部装备部队。为了延长美洲豹战机的服役年限，印度又进行了DARIN II性能提升计划，新装有Sagem公司整合了全球卫星定位系统的环形镭射陀螺仪惯性导航系统、以色列Elbit公司的抬头显示器、智能多功能显示器、印度自制的双重任务计算机和干扰丝撒布装置等。此外，印度还自行改良了10架美洲豹式海上攻击机，在机鼻配备一具多功能空用雷达、雷射测距/标定仪移到了机首下方，并换装DARIN系统，能挂载"海鹫"反舰导弹。

⏺ 正在进行维护的美洲豹式攻击机。对飞机进行惯例维护，可以增加战机的参战年限，提升战机的操纵性能，为战机任务的出色完成提供保障。

轰炸机

　　在"天空战鹰"中,它就像是一座空中堡垒,除了投炸弹外,它还能投掷各种鱼雷、核弹或发射空对地导弹,它就是轰炸机。在战场上,它是战火的主力输出口,而在人们的眼中,它几乎是空战中永远的焦点。而它的家族成员也非常多,有喷气式轰炸机、超音速轰炸机、隐身轰炸机、战斗轰炸机等。轰炸机通常用于遂行远程空袭任务。它体积大、航程远、火力猛,堪称飞机家族中的"太哥大"。

兵器知识 ＞ 喷气轰炸机是由德国首先研制成功的
最庞大的轰炸机是美国的B-52轰炸机

轰炸机的发展 》》

轰炸机是用于对地面和水面目标进行轰炸的飞机，可以投掷各种炸弹、鱼雷、核弹或者发射各种空对地导弹，具有突击力强、行程远、载弹量大等特点，是航空部队实施空中突击的主要机种。轰击机按载弹量分为轻型轰炸机、中型轰炸机和重型轰炸机。现在世界上比较先进的轰炸机有俄罗斯的22M中型轰炸机、美国的B-52重型轰炸机等。

早期轰炸机

在飞机用于军事后不久，人们就开始用飞机轰炸地面目标的试验了。1911年10月，意大利和土耳其为争夺北非利比亚的殖民利益而爆发战争。11月1日，意大利的加福蒂中尉驾一架单翼机向土耳其军队投掷了4枚重约2千克的榴弹，虽然战果甚微，但这是世界上第一次空中轰炸。早期的轰炸任务都是由经过改装的侦察机来完成的，炸弹或炮弹垂直悬挂在驾驶舱两侧，待接近目标时，飞行员用手将炸弹取下向目标投

去，其命中精度可想而知。1913年2月25日，俄国人伊格尔·西科尔斯基设计的世界上第一架专用轰炸机首飞成功。这架命名为"伊里亚·穆梅茨"的轰炸机装有8挺机枪，最多可载弹800千克，机身内有炸弹舱，并首次使用电动投弹器、轰炸瞄准具、驾驶和领航仪表。1914年12月，俄国用"伊里亚·穆罗梅茨"组建了世界第一支重型轰炸机部队，并于1915年2月15日首次空袭波兰境内德军目标。

两次大战时期

在第一次世界大战期间，轰炸机更是得到了迅速的发展和使用，当时轰炸机的时速不到200千米，载弹量1吨左右，多为双翼机。到第二次世界大战时，轰炸机又有了新的发展，装有4台发动机的重型轰炸机是轰炸机发展到新水平的标志，它的载弹量可以达到8—9吨，航程为2600—7000千米，其中尤以美国的B-29最为超群显赫，它就是投掷广岛、长崎两颗原子弹的载机，同时还投下了大批燃烧弹，造成著名的东京大火，十

● 激烈的空中战斗

轰炸机的主要任务是轰炸敌人的军事和战略目标，因此轰炸机的体型巨大，载重量大，飞行距离遥远，但是飞行速度慢，基本没有自我保护能力。因此在作战的时候，轰炸机通常挑选最不容易被敌方发现的时段发动攻击，这个时段一般是在夜间。

兵器解密

▶ 现代轰炸机

几万日本平民伤亡。两次世界大战使轰炸机得到了广泛的运用，也让人们见识到了轰炸机的厉害。随着航空技术的不断进步，轰炸机也有了跨越式的发展，进入到了现代轰炸机的时代。

现代轰炸机

　　到现代战机时期，轰炸机开始朝着高亚音速方向发展，大多采用大展弦比的后掠翼，以保证飞机有较高的巡航速度和升阻比。上单翼布局形式可使机翼仅从机身上部穿过，这样，在飞机重心附近的机身内可以用来放置炸弹，炸弹舱的底部有可在空中开启的舱门。由于炸弹布置在重心附近，空中投弹以后，战机不会失去平衡。喷气轰炸机载油量大，除机翼内放置部分燃油外，机身内炸弹舱的前后也对称地布置有许多副

油箱。飞机上装有完善的通信导航设备、轰炸瞄准装置和电子干扰设备等，以保证飞机准确飞抵预定目标区域，完成轰炸任务。现代轰炸机多靠改善低空突防性能、采用隐身技术来提高自卫能力。

当代的发展

　　20世纪60年代以后，各种制导武器日益完善，轰炸目标的空防能力大为提高，所以战术轰炸的任务更多地交由歼击轰炸机来完成，自卫能力差的轻型轰炸机已不再发展了。随着歼击轰炸机航程和载弹能力的提高，甚至中型轰炸机的任务也都可由它来完成。自从出现中、远程导弹后，战略打击力量的重点已转移到导弹上来了，战略轰炸机的地位明显下降。到了20世纪70年代以后，只有美、苏两国尚在继续研制远程超音速轰炸机，这种轰炸机易于分散隐蔽，不易受敌方核导弹摧毁，便于打击机动目标。

◀ 兵器简史 ▶

　　第二次世界大战后，轰炸机也进入了黄金时代，一系列技术先进和高性能轰炸机也相继出现在人类的视野中，这些轰炸机的飞行速度越来越快，携弹量也越来越高。许多轰炸机具备了一次投掷多枚核弹的能力，可以抵得上一个国家的军队。

> B-17B是第一个批量生产的轰炸机
> 在1946年B-17曾被改装成无人机

B-17 轰炸机 >>>

B-17轰炸机绰号"空中堡垒",是美国波音为美国陆军航空队制造的四引擎重型轰炸机,关于轰炸机的概念就是由这架战机开创的。B-17曾参加过第二次世界大战,因在柏林轰炸中屡立战功而闻名于世。实际上,B-17轰炸机完成了第二次世界大战中欧洲战场绝大多数的轰炸任务,也参加过太平洋战场上的战役,可谓一架真正的著名战机。

"A计划"

关于"飞行堡垒"的诞生可以追溯到1934年,当年2月美国陆军航空队提出了一种能装载2000千克炸弹以322千米的时速飞行8045千米的轰炸机设计招标,这是一个雄心勃勃的计划,新的轰炸机将可以横越美国东西两个大洋,这项招标被命名"A计划"。这项计划偏重于可行性研究,但是如果设计被证明是成功的话,军方会订购生产型样机。马丁飞机公司和波音首先提交了初步设计方案,马丁公司的设计没有进入到实质阶段就提前出局了,波音公司的设计赢得了一份制造一架样机的合同,军方指定其型号为XBLR-1,改为XB-15。通过XB-15研制,美国陆军航空队认识到"A计划"的性能指标脱离了实际,于是降低了性能要求。在1934年5月,美国陆军航空队开始了第二次招标,这次要求是:能够装载907千克炸弹以322千米的时速飞行3218千米的多发动机轰炸机。与"A计划"不同,这次的获胜公司可以获得多达220架的生产订单。

设计构造

美国陆军航空队邀请了波音、道格拉斯、马丁等几大飞机制造公司竞标,所有原型机都将在莱特机场进行对比试飞检测,以选出

➡ 美国空军的B-17

最后的胜利者。1934年6月18日,波音开始了初步设计。新设计采用了4台发动机的布局,这在当时还是十分新颖的设计,大多数同时代的轰炸机只装有2台发动机。1934年8月16日,波音公司开始制造原型机,公司将型号定为 Model299。原型机在设计上借鉴了波音公司 Model247 全金属商用客机的许多经验,基本上将Model247的空气动力与结构特征和4台发动机布局相结合。飞机装备有4台750马力的惠普 R-1690-E "大黄蜂"9缸气冷星型发动机,三叶螺旋桨。巨大厚重的主翼安装在圆形剖面的机身下方。主起落架向前收起在内侧发动机舱内,主轮没有完全收入,边缘还暴露在气流中。战机编制为8人,包括正副飞行员、投弹手、领航/无线电报员和四个炮手。机身上设置了4个流线型机枪炮塔,机枪通过内部的支架自由转动,另外在透明的机鼻后还有一个附加机枪支架,每个支架可以安装一挺 7.62 毫米或 12.7 毫米机枪,所有机枪都是手动操作。轰炸机的内部弹舱可以容纳 8 枚 272 千克炸弹,最大载弹量2176千克。

挫折发展

在短暂的工厂测试之后,Model299于8月20日抵达莱特机场做演示飞行。在这次飞行中,Model299以373.3千米的平均时速飞行了3379千米,打破了以前所有的飞行记

⬆ B-17 轰炸机的正面图。

录。原型机最初以 X-299 的型号交付给了美国陆军航空队,但军方认为这个型号试验味道太浓,便更名为 B-299。B-299 的竞争者是马丁公司的 146 和道格拉斯公司的 DB-1,两者都是双发设计。在它们的竞争中,B-299显然具有绝对优势,超越了美国陆军航空队对速度、爬升率、航程和载弹量等所有方面的要求。于是,陆军决定购买 65 架服役测试机型,型号定为 YB-17。由于在 1935 年 10 月 YB-17 发生了一次人为原因的坠机事故,使得美国陆军航空队对 YB-17 的热情遭受了打击,再加上资金的缺口,1936 年 1 月 17 日他们将 YB-17 的订购数量削减到 13 架。1936 年 11 月 20 日又将型号改为 Y1B-17,其中的"Y1"是指使用备用资金购买的飞机,而不是正常拨款研发。同时陆军航空队还订购了 133 架格拉斯DB-1,军用型号为 B-18。B-18 比"空中堡垒"慢了许多,且航程短、载弹量少、防御武器贫弱,唯一的优点就是造价只有"空中堡垒"的一半。

图为有B-17轰炸机参与的空战。

州萨凡纳创建，同年2月第8航空军番号改为第8轰炸机司令部，23日先头部队移师英国。第8轰炸机司令部主要担负对德国目标的白天轰炸任务，在第二次世界大战中装备过B-17、B-24、B-25和B-26等轰炸机。1944年2月22日，第8轰炸机司令部又重新改为第8航空军。在对德国轰炸问题上，美国陆军航空队坚持进行白天高空轰炸，而B-17轰炸机的防御火力被认为足够来对付德国空军的战斗机。1942年7月1日，首架"空中堡垒"飞抵苏格兰普莱斯威克。1942年8月17日，第97轰炸机大队的18架B-17对欧洲大陆进行了第一次空袭，目标是法国卢昂—索特威尔的铁路调度场。有12架战机实施了轰炸，其余6架在法国海岸上空假装诱敌。第8轰炸机司令部司令艾拉·埃克亲自驾驶B-17参与了这次行动。轰炸机编队由英国空军的喷火战斗机护航，没有遭遇德国空军的拦截。8月19日，24架"空中堡垒"参与了对法国境内德军的阿布维尔机场的轰炸，这是一次为了支援加拿大军队在迪耶普登陆的军事行动，所有飞机安全返回基地，但是在迪耶普的盟军全军覆没。接下来进行的10次轰炸行动都很顺利，只损失两架飞机。

作战演练

Y1B-17基本上与Model299相同，最大的改变是将"大黄蜂"发动机更换为赖特GR-1830-3"旋风"星型发动机，"旋风"发动机从此以后成为了"空中堡垒"的标准动力装置。另外Y1B-17的机组编制减少到6人，在军械配备和起落架方面有了些改动。外观上最显著的改变就在主起落架上面，原先的两个主起落架支柱现在改为一个。首架Y1B-17于1936年12月2日首飞。军方订购的13架Y1B-17在1937年1月11日到8月4日间陆续交付使用。1938年5月，拥有B-17轰炸机的弗吉尼亚兰利机场第2轰炸机队进行了一次作战演练，在这次飞行中，他们模拟拦截了距海岸线1126千米的意大利客轮"君王"号。这次演练不仅示范了B-17出众的航程和优秀的导航能力，而且也意味着美国陆军航空队有能力在敌人靠近海岸线之前就予以重重地打击。

加入欧洲战场

1942年1月，美国第8航空军在佐治亚

B-17 轰炸机属于重型轰炸机，机长 22.66 米，翼展 31.65 米，航程为 2979 千米，巡航速度为 273 千米/小时，最大平飞速度为 483 千米/小时，飞行高度为 10667 米。虽然 B-17 的航程不长，但是它拥有较大的载弹量和飞行高度，并且坚固可靠。

兵器解密

参战经历

由于欧洲天气恶化，并且北非战事吃紧，第八轰炸机司令部作战计划有了改变，大多数的 B-17 都准备用来阻止隆美尔在北非的攻势，其中最富经验的两个轰炸机大队——第九十七和第三０一大队作为新组建的第十二航空军的核心投入到"火炬行动"中去了。1942 年 9 月 20 日，杜立特将军赴英国上任第十二航空军司令，10 月初，第八轰炸机司令部的第九十七、九十九、三０一和第二轰炸机大队都被安排给第十二航空军，对欧洲大陆的轰炸被放到次要地位。

1942 年 10 月，空虚的第 8 轰炸机司令部将注意力集中到法国沿岸的德国潜艇坞上，这些潜艇坞由厚厚的钢筋混凝土构成，普通炸弹对它没有什么效果。鉴于天气原因，许多炸弹由于无法瞄准目标而炸偏，对这些船坞的袭击没有起到多大效果，飞机却遭受了损伤，看来对付潜艇威胁的最好办法还是在海上予以歼灭。1943 年 1 月 3 日，第八轰炸机司令部引入先导机概念，轰炸机编队中设立了一架先导机，编队中的所有投弹手必须随先导机投弹，改变了原先自由投弹的做法。先导机上技术精湛的投弹手增强了轰炸力。

正在跑道上准备起飞的 B-17 轰炸机

> 蚊式战机是皇家空军支柱装备之一
> "二战"中蚊式战机损失率非常低

蚊式轰炸机 >>>

蚊式轰炸机是英国第二次世界大战时期服役的一款双发动机轰炸机,有"木制奇迹"的绰号。鉴于蚊式轰炸机制造时处于大战时期,制造飞机使用的铝可能会相当匮乏,于是该机采用了木质结构,这在 20 世纪 40 年代的飞机制造工业中是不多见的,再加上其身轻如燕、生存性好等优点,使蚊式轰炸机成为了英国人的骄傲。

初露锋芒

1943 年 1 月 31 日上午,纳粹德国空军总司令戈林正准备在柏林的阅兵式上讲演,英国第一 0 五中队的蚊式轰炸机从柏林上空编队飞过,阅兵式不得不取消。改在下午进行的阅兵式,又因为英国第一三九中队的蚊式轰炸机再次飞临上空而不得不再次取消,而准备下午发表鼓励性演说的德国宣传部部长戈培尔也被迫取消了演讲。这两次轰炸虽然一枚炸弹都没有投下,但是却使戈林、戈培尔夸下的"没有任何敌机能在白天飞临柏林上空"的海口变成了笑话。戈林对此大为震怒,在德国空军部的一次讲话中说:"我看见蚊式轰炸机后非常羡慕,英国人能够得到比我们多得多的铝材,却发展了这样一种优雅的木头飞机,连英国的钢琴厂都能大批制造,而且速度如此之快。和他们相比,我们都

做了些什么呢? 没有什么是英国人做不到的,英国人是天才,我们是傻瓜……"戈林的话虽然有些夸张,但是却道出了蚊式轰炸机的精妙之处。

制造计划

戈林所说的就是由英国德·哈维兰飞机制造公司制造的 DH-98 蚊式轰炸机,该公司曾在第二次世界大战前十多年间制造

刚刚出厂的 26 架蚊式战机

澳大利亚战争纪念馆的蚊式轰炸机

出了一系列外形优雅美观的轻中型民用飞机，对于多发动机飞机的制造也有一定经验，著名的DH-82"虎蛾"和DH-91"信天翁"飞机都是该公司制造的。1938年，德·哈维兰公司建议英国空军部发展一种快速轰炸机，速度达到或超过当时的战斗机，因此可以不携带自卫武器。保守的英国空军部对当时主流的多炮塔轰炸机情有独钟，认为非武装的轰炸机在战场上的生存力很低，拒绝了德·哈维兰公司的建议。但德·哈维兰公司并未因此放弃制造计划，自己出资将计划向前推进。德·哈维兰公司按照载弹454千克，航程2400千米，速度644千米/小时的设计目标进行设计。为了达到这一目标，飞机的自重必须减轻。首先，飞机不再装自卫武器的炮塔，机组人员从6人减到2人。其次，采用特殊的木质结构。

精妙的设计

在飞机发展史上，轻金属结构取代木质结构的原因是轻金属结构强度更强、重量更轻。蚊式战机采用传统的木质结构显然是达不到减重的目的的。德·哈维兰公司决定采用一种少见的木质结构——模压胶合成型木结构。这种木质结构最早是由一个小飞机制造公司——LWF飞机公司在1919年的LWF V飞机上采用的。生产量很小的LWF V飞机仅有捷克空军装备过。1922年美国诺斯若普公司在S-1双翼机上也采用过这种结构，它首先用混凝土制造一个6.4米长的模具，然后将云杉木薄片涂上干酪胶后交替放置，盖上模具的盖子。此时，再向中间的橡胶气囊中充人压缩空气，待干酪胶固化后就形成一个木结构，将左右两个木结构对合，就成为木质胶合结构的机身。1922年8月，这种结构获得美国专利，由于生产成本低廉，S-1飞机被称为"穷人的双翼机"。

结构特点

蚊式战机在此结构基础上进行改进，将木质胶合结构中间的木料改为一种轻质木材——巴尔沙木，木质结构的重量进一步减少，强度有所增强。机翼除了机翼中间有两根金属翼梁外，由上、下两个整体模压的上翼片和下翼片对合而成；机身由左右两半木质胶合结构对合成为筒形承力结构，在对合前先完成电线、控制拉线的敷设；副翼、尾翼采用金属或金属架布蒙皮；冷却器安装于

⟲ 蚊式轰炸机

机，于是英国空军于1940年3月1日与德·哈维兰公司签订了50架DH-98轰炸机订购合同，并将其正式定名为蚊式轰炸机。敦刻尔克撤退后，因随时面临德军的入侵而一度取消合同，1940年底合同又重新生效。原型机试制过程中，正是不列颠之战最紧张的时候，德·哈维兰公司工厂附近被德国飞机反复轰炸，工作人员不得不经常躲避到防空洞中。即使在这样的情况下，工作人员坚持努力，1940年11月25日，首架原型机进行了试飞。为了避免被地面防空火力和巡逻飞机的误击，飞机漆成了显眼的明黄色。经过试飞，蚊式轰炸机显露出巨大的潜力，引起英国空军的重视。"蚊式"自重、发动机功率、航程约为"喷火"的两倍，但速度比"喷火"快32千米/小时，升限达到11000米，尤其是在载重能力上，"蚊式"大大地超出原设计指标。

发动机短舱和机身中间，进气口开在机翼前缘；主起落架为双柱结构，发动机安装于钢管支架上用橡胶支撑座支撑，外形相当新式。它采用常规布局：平直中单翼，前缘平直，后缘前掠，备有襟翼与副翼。机翼的梯形比比较大，在中央翼的前缘设有开裂式散热器进气口，减少了外表突出物。蚊式战机机头钝圆，视用途不同，或集中安装多门枪炮，或改装透明的投弹手视察窗，或架设机载雷达天线等等。椭圆形断面的机身平滑而修长，机尾尖细，并装有漂亮的半椭圆形尾翼，三舵蒙有上漆的亚麻布。机翼下有2台发动机短舱，后端流线型修形考究，大直径低压主轮胎适合于简易机场的起落。它的双座座舱十分紧凑，座舱盖突出于机头上方，多框架形式，视野良好。采用全木质结构是德·哈维兰公司最为深谋远虑的决定，充分预见到战时英国的铝合金将出现匮乏，掌握飞机金属结构制造技术的工人也将十分短缺，木质飞机能够由任何技术熟练的木匠进行生产，英国的钢琴厂、橱柜厂、家具厂都能投入生产飞机。

备受重视

战争爆发后英国空军急需高性能的飞

⟱ 一架蚊式战机的变异机，机翼前缘为液冷发动机。所有型号的蚊式轰炸机都使用劳斯莱斯或者是授权美国生产的梅林液冷发动机。

有趣的是，蚊式战机经常发挥它速度快、善于夜间飞行的优点，在夜间单机独闯敌后，有意增加德国大后方的空袭警报次数。1944年2月23日夜间蚊式战机开始挂装单枚重量达1800千克的巨型炸弹空袭目标。而在以往，这样的超级炸弹只有大型轰炸机才能运载。

兵器解密

🔊 蚊式轰炸机是英国人的骄傲，更是充满了传奇色彩的一代名机。

战争实战

1942年5月31日，蚊式轰炸机参加了攻击德国科隆的"千机大空袭"。数量不多的蚊式战机穿插在大型飞机编队中，每架挂有4颗227千克的炸弹，或单机攻击，或几架编组集中投弹。"蚊式"在轰炸时既可作高空水平轰炸，又可作低空点状小型目标精密投弹。当战略轰炸机在夜间大批飞向敌阵时，蚊式战机在更多场合是充当向导的角色，为大机群寻找并标定目标位置或投下照明弹，这就需要它一马当先，飞在最前面。据统计，光是担任向导任务的蚊式战机就向德国投下了15000吨炸弹。1942年9月25日，"蚊式"长途飞行，攻击了位于奥斯陆中心的德国盖世太保司令部大楼，炸毁了大楼中的挪威抵抗运动的资料和档案，避免抵抗运动遭到破坏。这次行动，蚊式战机成功地

炸毁了大楼，临近的街区未被破坏。1944年1月，法国抵抗运动组织通知英国情报部门，在法国亚眠的监狱里关押着100多名英国空军的被俘飞行员。为营救这些飞行员，必须用飞机精确地在监狱的外墙上炸开若干缺口，同时摧毁德国看守的营房。2月18日晚10点55分，19架"蚊式"从英国机场起飞，在"飓风"战机的护航下，执行了营救计划。蚊式战机完美地完成了任务，绝大多数被俘飞行员在抵抗运动的接应下安全脱险。

◀◀◀ 兵器简史 ▶▶▶

蚊式战机根据作战任务的需要，曾被改造成其他机型，包括照相侦察机、夜间战斗机、轰炸引导机、鱼雷轰炸机、猎潜机、昼间巡逻机、布雷机、教练机、特种运输机等，共有43种修改机型，其中26种曾经参加过第二次世界大战的作战行动。

兵器知识

> Ju 87 由1个主翼与2个外翼所组成
> Ju 87 降落时必须为三点着地

Ju 87 俯冲轰炸机 >>>

Ju 87是第二次世界大战纳粹德国空军投入使用的一种俯冲轰炸机。这种机型通称斯图卡，是德文里俯冲轰炸机的缩写。在第二次世界大战最初的欧洲战场上，没有一个词能像 Ju 87"斯图卡"一样，带给人们如此巨大的恐惧——对成千上万拥塞在各条道路上的难民和溃退的士兵来说，命中率极高的 Ju 87"斯图卡"就代表着从天而降的死亡！

俯冲轰炸机的出现

"俯冲轰炸机"这一概念是在第一次世界大战当中出现的，当时英国皇家空军试制了世界上第一架俯冲轰炸机——SE5a，但由于在试验中被模拟对空炮火打得"千疮百孔"，因此宣布失败，没有继续进行研究。英国人并不知道当时低劣的技术条件是失败的主要原因，而随着战后飞行科技的大幅度改进，俯冲轰炸机将主宰机动战场的天空。英国人停手之后，在20世纪20—30年代有两个新兴海军大国——美国和日本都为自己的海军不断研制俯冲轰炸机，因为对于水面舰艇这种相

容克 Ju 87"斯图卡"

对较小、速度较慢的目标来说，俯冲轰炸无疑是最好的攻击方法。在陆上，新兴的德国空军也为了即将到来的"闪电战"，而紧锣密鼓地研制用来支援陆军突击部队的俯冲轰炸机，这种新飞机就被称为"斯图卡"。

初识 Ju 87

Ju 87俯冲轰炸机最容易辨认的特征就是它那双弯曲的鸥翼型机翼、固定式的起落架及其独有低沉的尖啸声。它在"二战"初期德国所发动的"闪电战"中取得非常大的战果，1940年后德国在非洲战场及东部战线大量投入这种轰炸机，尤其在东线战场，更发挥出其强大的对地攻击能力。这种轰炸机不但给予地面目标大力地打击，其独有的发声装置所发出的尖啸声，亦对地面的士兵给予心理上的恫吓，加强攻击的效果。这种机型被德国空军广泛使用，由1935年开始投入使用，直至第二次世界大战结束。

研发过程

在1933年希特勒掌权后，德国便开始

在德国空军中，有很多人反对制造俯冲轰炸机，理由和"一战"时英国空军提出的"低空武器威胁论"一样。所幸俯冲轰炸机的最大支持者——"一战"航空队英雄恩斯特·乌德特将军于1936年6月出任空军技术总监，他否定了这些指责，使"斯图卡"得以顺利试制。

⬆ 将 Jumo 211D 发动机安装进入 Ju 87B

大力发展军备，以抵抗《凡尔赛条约》施加于德国身上的军事限制，而空军就是德国首先发展的一环。在政府的大力推动下，各家飞机制造商也开始加入军用飞机的研发行列。其中，容克公司研发的 Ju 87 型俯冲轰炸机，其陡斜的俯冲角度、精准的投弹以及简易的操作，皆受到飞行员及德国空军部的青睐。而 1936 年西班牙的佛朗哥发动叛乱，对抗西班牙共和政府，引发了西班牙内战。希特勒和墨索里尼对佛朗哥进行军事援助，这给了 Ju 87 俯冲轰炸机以及其他新式武器进行试验及发挥实力的机会。在西班牙内战中，德国的 Ju 87 俯冲轰炸机成功对西班牙共和政府给予沉重的打击，更加证实了其威力之大。因此，德国开始大量生产 Ju 87 俯冲轰炸机。使用 Ju 87 最成功的飞行员是汉斯·乌里希·鲁德尔，他是"二战"中德国最著名的飞行员。一共有战绩 2530 次，包括击沉"马尔他"号战舰、击毁 519 辆坦克、击毁 2000 辆其他车辆。

基本设计

Ju 87 属于单引擎的全金属悬臂梁单翼机，具有固定式起落架并可搭载 2 名飞行员，主要结构金属与蒙皮皆用杜拉铝，至于如襟翼等需要坚固结构的区域则是由合金所组成，而零件与螺栓则使用钢铁高压铸造。

Ju 87 配备了机工维修组员的检修舱口盖，设计师避开焊接的区域，在任何情况下都可将已铸造的零件更换，机身零件设计是要求可以互换以方便维修。Ju 87 的机身可以允许借由铁路或公路进行运输。在起飞时浅角度的机翼可以带来巨大的升力，减少起飞与降落的距离，使得 Ju 87 更具优势。Ju 87 的机体是属于卵型横切面并且安装一具水冷式 V 型直列发动机，配置驾驶舱的目的是为了将其作为发动机与机翼油箱之间的防火墙，而配置驾驶舱后方的舱壁的目的是，让组员可在紧急状况下破坏舱壁以利逃脱。

◄◄◄ 兵器简史 ►►►

经过航空器验证中心的测试，认定 Ju 87 具有执行俯冲轰炸的结构强度，它俯冲极速可达每小时 600 千米；在低空飞行的情况下，重量为 4300 千克，最大速度为每小时 340 千米；它的俯冲攻击性能主要是利用双翼底下的减速板来控制其俯冲的速度，这让 Ju 87 可以用稳定的速度精准攻击目标，同时让飞机在执行俯冲与拉起的动作时，保护乘员免于受到外力的伤害。

B-29 超级堡垒轰炸机》

B-29超级堡垒轰炸机也叫B-29超级空中堡垒，它是美国波音公司设计生产的四引擎重型螺旋桨轰炸机。主要在美军内服役的B-29，是美国陆军航空队在第二次世界大战以及朝鲜战争等战场上的主力轰炸机，其命名延续先前有名的B-17飞行堡垒。B-29不单是"二战"时各国空军中最大型的飞机，亦是当时集各种新科技的最先进的武器之一。

轰炸机的萌发

飞机开始作为军用是从侦察开始的，空中侦察的作用是无可置疑的，而在侦察飞行的过程中，"抽空"甩几颗手榴弹或迫击炮弹就成了"轰炸机"的开端。第一次世界大战的中期已出现了专门研制的轰炸机，它就是俄罗斯的一种"重型"四发轰炸机——"伊利亚·穆罗梅茨"Ⅱ型，一般来说，战略轰炸机都是远程轰炸机，不过作战半径多远算

B-29超级堡垒轰炸机。

"远程"在不同时期定义是不同的。而在"二战"期间，航程在3000千米以上的就被认为是远程轰炸机了。例如英国的"兰开斯特"MKⅡ其航程为3620千米，美国的B-24"解放者"为3380千米，B-29"超级堡垒"甚至达到5200千米。

B-29的简历

B-29轰炸机世称"超级空中堡垒"、"史上最强的轰炸机"，它是美国生产的四引擎涡桨轰炸机，在轰炸东京等"二战"及之后的战场都可以看到他的身影。B-29的崭新设计包括有：加压机舱，中央火控、遥控机枪等等。原先B-29的设计构想是作为日间高空精确轰炸机，但在战场使用时B-29却多数在夜间出动，在低空进行燃烧轰炸。B-29是第二次世界大战末期美军对日本城市进行焦土空袭的主力，向日本广岛及长崎投掷原子弹的任务也

兵器解密

第二次世界大战后期，当盟军在太平洋战场上取得节节胜利的时候，庞大的美国轰炸机群也开始"光顾"日本，巨大的燃烧弹把"天火"撒向了这个第二次世界大战的东方发源地。曾经在太平洋上骄横不可一世的日本军国主义者，怎么也没有想到这从天而降的大火会愈烧愈烈，最终使他们走向了失败。

兵器简史

第二次世界大战以后，B-29亦曾在朝鲜战争中出动超过约2万架次，投下约20万吨的炸弹。之后随着喷气机时代的来临，B-29开始退下前线。当B-36开始服役后，B-29由重型战略轰炸机改变为中型轰炸机。之后B-29多数转为执行辅助性质的工作，例如搜救、电子侦察、空中加油、气象侦察等。

是由B-29完成。B-29在日本因此有"地狱火鸟"之称。第二次世界大战结束以后，B-29仍然服役了一段颇长的时间，最后在1960年方才完全退役。B-29的总生产量为3900架左右。它设计的架构后来继续延伸，发展成美国空军的B-50。而苏联用逆向工程复制了B-29成为图波列夫Tu-4。

设计和生产

早在美国参战以前，美国陆军航空队司令亨利·阿诺德便希望能够发展一种长距离战略轰炸机，应付可能需要对纳粹德国作出长程轰炸。波音公司以之前非常成功的B-17空中堡垒为蓝本，设计出划时代的XB-29，击败对手联合飞机的B-32设计。1941年5月，战争阴霾日渐浓密，美国军方决定向波音订购250架B-29，另外准备再订购250架。作为各种飞机中体积最大、重量最高、翼展最宽、机体最长以及速度最快的B-29，在接受订单时其实只曾作过风洞试验，尚未曾真正试飞。B-29计划因而有"30亿美元的豪赌"之称。美国参战以后，

波音公司被要求加快开发及生产B-29。

B-29 的性能

由于B-29的规格要求十分严格，其设计在当时来说非常复杂。在时间紧迫之下，设计及生产一开始便出现了一些问题。例如在作战负载下经常过热，飞机的中央火控及遥控火炮经常失灵等，但经过改造后，在战场上，B-29表现非常优异。除了经常出现的引擎故障外，"超级空中堡垒"可以在约12192米的高空以高速的对空速度飞行，地面高射炮中只有口径最大的才射得到B-29的飞行高度。B-29可以连续飞行16个小时。飞机首次使用了加压机舱，机员无须长时间戴上氧气罩及忍受严寒。不过B-29并非整个机体都有加压。轰炸舱因为要能够在空中打开是没有加压的。

🔊 B-29超级堡垒加压舱内部

兵器知识

> B-52是迄今为止，美国最重的轰炸机
> B-52的巡航速度为1053千米/小时

B-52 轰炸机 >>>

B-52绰号"同温层堡垒"，B-52是美国波音飞机公司为美国空军研制的亚音速远程战略轰炸机，用于替换B-36轰炸机，主要执行远程常规轰炸和核攻击等任务。它于20世纪50年代末就开始服役，目前只有最新的B-52H型还在服役，照这样算B-52轰炸机可以说是标准的"老兵"了，未来B-52将计划服役到2030年。

研发背景

1954年5月，美国驻莫斯科大使馆武官查尔斯·泰勒观看苏联红场阅兵时，发现苏联数百架神秘的喷气式轰炸机一个编队接一个编队通过红场上空，而护航的米格-17战斗机伴随在轰炸机左右，犹如小蜻蜓。五角大楼立即启动了所有的情报侦察手段，查明那是苏联米亚西舍夫设计局最新设计的米亚-4"野牛"战略轰炸机。美苏之间出现了事实上的"轰炸机差距"。苏联阅兵后不到一周，美国战略空军司令部决定采取行动，以查明苏联到底部署了多少架"野牛"。1954年5月8日早7时，美国战略空军第91侦察联队驻英国费尔福德皇家空军基地的一架RB-47E侦察机对苏联基地展开侦察。事后，美国声称RB-47E带回了极有价值的情报，有了这些情报，美国人就有了发展新型战略轰炸机的借口。B-52"同温层堡垒"战略轰炸机作为"野牛"机群的制衡力量迅速出现在美军序列中。在这样的背景下，B-52都是完全满足设计和使用要求、可执行核轰炸任务的优秀轰炸机，具有令人望尘莫及的远程续航能力和令人生畏的大载弹能力。由于B-52升限最高可处于地球同温层，所以绰号"同温层堡垒"也随之而来，这是美国的骄傲。

研发历程

实际上，美国陆航部队于1945年就开始实施一项计划，设计第二代战略轰炸机以取代B-36。1946年，陆航进一步对该轰炸机进行需求定义后授予波音公司一份合同，设计这种新型轰炸机。最初的要求是该型

⤵ B-52被称为"甲板战斗基地"，图为其操纵舱。

⚡ 翱翔在天际的 B-52"同温层堡垒"

行了首飞，1955年首批生产型开始交付使用，先后发展了 B-52A、B、C、D、E、F、G、H 等8种型别，1962年停止生产，总共生产了 744 架飞机。20 世纪 90 年代是 B-52 轰炸机使用的鼎盛时期，共有 600 多架 B-52 各型飞机在美国战略空军服役，以后大多数早期型别先后退役。现如今约有 95 架B-52H型仍在服役，它们与近百架的B-1B和20多架B-2一起共同组成美国空军的战略轰炸机机队。B-52H是最后一种改进型，估计平均机龄已达 35 年左右。轰炸机的正常寿命一般是 30 年，因此B-52已算是超期服役。

机能携载 4540 千克炸弹，,战术作战高度为10675 米，巡航速度至少每小时 724 千米。为找到一种新的发动机能满足新型轰炸机的上述速度和航程需求，波音公司自己拿钱展开一项研究，即新型轰炸机能够使用普惠公司正在设计的一种新型发动机。研究结果促使 B-52 轰炸机上安装 8 台喷气式发动机的设计的出现。1949 年年初，波音公司制造了两架原型机 XB-52 和 YB-52，主要用来对最初的设计进行改进。主要设计重点是飞机和系统复杂性最低，而性能优越。B-52 的直通式设计达到这一要求，并且提高系统的效用性和功能的可靠性。1952年，原型机成功进行了测试，其性能超过了最初的设计要求。1955 年 6 月，战略空军司令部接受了第 1 架 B-52，城堡空军基地成为B-52 的第一个基地，洛林和韦斯托弗基地也于 1956 年底开始接受 B-52。

"老兵"的服役史

有关 B-52 设计方案的提出是在1948年，到了 1952 年，第一架 B-52 的原型机进

作战任务

B-52 的主要作战任务一般包括常规战略轰炸、常规战役战术轰炸和支援海上作战。轰炸攻击范围大，空中加油后可飞抵地球任何一点轰炸。作战使用灵活，可挂载各种常规炸弹和精确弹药飞临目标上空实施轰炸，又可在离目标 1000 千米以外处发射

◄█◄ 兵器简史 ►█►

1996 年 9 月 2 日，巴克斯代尔的两架B-52H 在代号为"沙漠之狐"的空中打击行动中从关岛起飞，投下十几枚常规空射型巡航导弹后，未停留后返回关岛。此次任务飞行了 30 多个小时。在科索沃战争中，美军大量使用B-52H投掷面积杀伤武器，攻击南大型目标，使许多机场、工业区等遭到巨大破坏。

了这些特长,加上改装新的武器装备,使B-52达到了一个更新的作战层次。事实上,美国早在20世纪50年代后期和60年代初期就已经研制出几种射程较远的空对地导弹,用以装备B-52以及其他一些中程战略轰炸机,像美国的AGM-28B"猎犬"空对地导弹,射程960千米,用以装备B-52轰炸机。进入20世纪80年代,美国专门为轰炸机研制的空射巡航导弹AGM-86B正式交付空军使用,主要装备B-52轰炸机。

空射巡航导弹对目标打击。飞机自身没有隐形能力,在攻击设防目标时需要大量飞机护航或支援。B-52的作战方式在几十年内经历了巨大的转变。从最初的高空高亚音速突防核轰炸,到越战时的中高空地毯式常规轰炸,再到20世纪80年代的低空突防常规轰炸,以及20世纪80年代开始的战略巡航导弹平台概念,体现了军事航空技术的发展和变革。自20世纪90年代起,美国为B-52增加了先进而又廉价制导武器的能力,使得B-52的作战能力倍增。到了阿富汗反恐怖战争期间,为对付大量的低价值面目标,B-52重执地毯式轰炸方式,但辅助以地面特种部队的精确定位和实时通报,有效地打击了原本难以压制的塔利班地面部队。

B-25的改良

高新技术的发展使B-52迅速落伍,但并没有使它退出历史舞台。轰炸机虽老,但仍保持着航程远、载重量大和价格便宜等优势。而新一代轰炸机由于成本技术等问题,总不能完全替代 B-52 轰炸机。美国利用

实战表现

从开始的研制,到几十年内经历的巨大转变,可以说,B-52 的发展也是越来越成熟,那它在战场上的表现又如何呢?在越南战争中,B-52 是大面积轰炸的主要工具,曾对越南南北方目标以及老挝、柬埔寨等地区目标进行过约12万架次轰炸,其投弹量为250万吨。1965年,美国空军27架B-52F于6月18日从关岛安德逊空军基地起飞,对越南的据点实施打击。这场代号"孤光灯"行动是B-52支持越战的开始。到1965年年底,B-52已经在南越飞行了1500架次,对北越部队的集结地、基地和供应线实施了打击。1972年12月开始,B-52参加了"后卫Ⅱ"行动,在短短的十几天内,B-52飞行了700多架次,摧毁或破坏了约千余个建筑物、几百个铁路目标、近10个机场和越南

由于美国空军不断用结构延寿和换装新设备的办法多次对B-52进行改进，B-52G/H轰炸机的服役期限延至21世纪初。B-52G/H轰炸机经过延寿和性能提高改进后，据说如果每年平均飞行400个小时以内，可延长服役到2030—2040年。

的多数发电厂。可见，越战中B-52主要还是用于轰炸南越游击队目标，支援美、南越的地面部队作战。而战略轰炸（对北方）只是很次要的任务，这也是B-52从设计时就注意到既可用于战略空袭，又可对局部地区作常规精确投弹的作战功能的良好体现。在整个越战中，B-52出动量占各种作战飞机总量的十分之一，但却投下近二分之一的炸弹重量。

震惊海湾战争

海湾战争中，在第一天清早的攻击中，B-52从距离伊拉克约4000千米处的迪戈加西亚直飞，打击伊拉克前沿基地和跑道，B-52在120米的空中掠过，投下集束炸弹瘫痪和摧毁了4个机场和临时的高速公司着陆带，几个小时后从巴克斯代尔起飞向伊

拉克的目标首次发射常规空射型巡航导弹后返回巴克斯代尔。7架B-52G在这次任务中共经过35小时的飞行，航程达2253千米。B-52的不间断轰炸成为一种强大的精神武器。在海湾战争中，B-52共飞行了1600多架次。攻击中又有68架B-52G投入对伊拉克全线部队实施"地毯"式轰炸，执行了1624架次的任务，投下了2.57万吨炸弹，占海湾战争中美国所投炸弹的21%，占空军所投炸弹的38%。B-52所投炸弹震天动地的巨大爆炸声使伊拉克军队晕头转向，大大削弱了伊军的士气和战斗力。进入21世纪，B-25轰炸机可以说是"宝刀未老"，2003年3月，B-52再次参与了伊拉克战争中的空袭行动，通过采用"地毯式轰炸"的战术获得了不俗的战绩。

◑ 图展示 B-52H 型一次可以搭载武装类型。

兵器知识

> XB-70二号机首飞是在1965年7月17日
> XB-70具有非常强大的领空穿透能力

XB-70 轰炸机 》》》

XB-70 轰炸机是一架美国空军在冷战时代开发的试验性三倍音速超高空战略轰炸机,绰号为"女武神式"。该机在 1965 年 10 月和 1966 年 1 月的试飞中,其飞行速度都曾达到过M3,迄今为止,只有苏联米高扬设计局研制的米格-25 高空高速截击/侦察机和美国洛克希德公司研制的 SR-71 战略侦察机可以与之相比。

拜访 XB-70

XB-70 是由美国空军战略司令部授权北美航空洛杉矶分部所设计制造的一种轰炸机,B-70 计划原本是一个设计要用来取代 B-52 同温层堡垒式轰炸机,以超音速、超高空飞行的方式突破敌对国家的防空网,进一步投掷传统或核子武器作为诉求的开发计划。但由于进入 20 世纪 60 年代后地对空导弹的技术逐渐提升,对 B-70 的潜在威胁大增,再加上该计划昂贵的开发费用使得它在经济效益上比不过作用类似的洲际弹道导弹,最后终于遭到取消,已经制造出来的原型试验机也被改为研究用途。XB-70 作为一种武器来发展的目的虽然胎死腹中,但透过它美国航空界获得许多重要的资料,间接协助了日后的超音速客机的实现。

研制历史

XB-70(或正确地说,B-70)的开发计划起源于1955年,当时美国空军需要一架可以取代B-52的战略轰炸机,因此,以一架能够用三倍音速的速度飞行于超高空,可以装载传统与核子武器的大型长程轰炸机作为基本需求,召集了相关厂商进行竞图作业。与同期的 B-58 轰炸机类似,当时的空军非常倾向尝试全新的技术,因此给予承包商极高度的设计弹性,全权决定武器系统的设定。参与 B-70 竞标的航空制造公司包含了波音

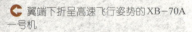
翼端下折呈高速飞行姿势的XB-70A 一号机

XB-70A的二号原型机在机翼结构上进行了彻底的改良，完全解决了一号机上无解的那些毛病。二号机首次试飞于1965年7月17日，并且在1966年5月19日的一次飞行中，以3马赫的速度持续飞行了3840千米的距离，耗时30多分钟，成功地达成该计划预计要达成的目标。

兵器解密

⊙ 起飞中的XB-70A，其可变翼端处在水平低速飞行姿态中。

与北美两家，1958年时由北美雀屏中选。

"胎死腹中"

20世纪50年代末期、60年代初期苏联在防空导弹技术方面有大幅进步，让美国空军意识到防空导弹的存在对原本利用高度与速度渗透敌方防御的策略构成很严重的威胁，因为以当时的技术，像XB-70这种超高空、超高速的飞机，在操控灵巧性方面的表现是非常局限的，飞机需要非常大的回转半径，因此很容易被敌人算出飞行轨道进而进行拦阻。除此之外，XB-70的庞大机身会产生非常大的雷达反射截面，更进一步提升防空导弹锁定它的准确率。另外，1960年时发生了U-2坠机事件，一架自巴基斯坦起飞、试图穿越苏联位于中亚地区领土，飞抵挪威降落的U-2超高空侦察机遭俄制SA-2地对空导弹击落，引发了国际间的紧张情势。这次事件的发生等于彻底宣告了

XB-70的开发计划完全不可行，考虑到它过高的开发费用与面对对手国家的防空系统时又太过脆弱，肯尼迪总统在1961年时宣布将XB-70计划裁减到仅剩研究用途，原本预计打造的3架原型机也在二号机完成后就停止打造。

第一架XB-70的试飞

虽然XB-70的研制计划有所变更，但原本预计打造的第一架原型机还是问世了。1964年9月21日，XB-70A首次进行实际飞行（一号机），但是打从一开始起一号机就一直有蜂巢结构太脆弱、液压系统漏油、燃料泄漏和起落架故障等毛病。在一场于1965年5月7日进行的试飞中，XB-70A两侧进气导管前缘的分隔板在高速状态下破裂，碎片飞进引擎里，一次损毁了6具喷气发动机。1965年10月14日，一号机成功地加速到3马赫的高速，但却也因高速飞行所承受的应力过大损毁了机翼的蜂巢结构，结构上的缺陷使有关当局决定限制一号机的飞行速度在2.5马赫以下。

兵器简史

由于XB-70高速产生的高温需要特殊的耐高温材料，于是采用了难以处理的钛金属，工程师们寻求各种铸造方法，终于驯服钛金属，铸成XB-70可变机鼻的形状，也因此得到美国金属学会的研究成就奖。XB-70主要成员有驾驶员和副驾驶两位，具有两个独立逃生舱，分置于驾驶员、副驾驶座位上。

B-58 轰炸机 》》》

在 1961年的巴黎航展上，有一架飞机是如此的令人震惊，它携带着雷鸣般的呼啸声从美洲大陆穿越大洋驶来，创造了新的跨越大西洋的速度记录，这种飞机就是世界上第一种超音速轰炸机——B-58"盗贼"轰炸机，一副巨大的三角机翼和四个巨大的发动机吊舱，让它在航展上成为了当之无愧的明星，受到了大众的追捧。

走进B-58

B-58"盗贼"是美国康维尔公司为美国空军研制的一种超音速轰炸机，1960年3月进入美国空军服役，虽然在服役过程中未曾投掷过一枚炸弹，但该机确实成为美国空军战略司令部20世纪60年代最主要的空中打击力量，该机有着以前任何轰炸机不曾拥有的性能和复杂的航空电子设备，代表了当时航空工业的最高水准。但B-58的服役生涯却和其研制费用、性能不甚相符，战略空军司令部没能留住这种优秀的轰炸机，造成这种悲惨现象主要归结于该机追求超音速飞行而使用了许多不太成熟的新技术，由此造成该机故障率出奇地高，当然除了本身的技术原因外，弹道导弹的服役也是该机过早退役的原因之一。

研究历程

B-58的发展可以追溯至第二次世界大战末期，美国陆军航空兵脱离陆军成为独立的美国空军的那一年，也就是1947年

🔴 停在停机坪上的B-58A

的5月，时任空军参谋部研发中心主任的柯蒂斯·李梅少将写信给空军装备司令部司令内森·F·特卫宁中将，请求装备部开始研制一种中程喷气式轰炸机，飞机最好能够在20世纪50年代进入一线部队中服役。李梅的建议被空军参谋部采纳，参谋部召开了专门的研讨会议，对研制新机的可行性进行研究。部分空军高层官员的目光十分长远，他们提出了当时近乎显得有点荒唐的要求：超音速轰炸机。美国康维尔公司由于研制了一系列的三角翼截击

1960年1月，美国空军正式宣布了第一个装备B-58的轰炸机联队即第43轰炸机联队，下辖63轰炸机中队、64轰炸机中队、65轰炸机中队，联队暂驻扎于戴维斯—墨松基地，两个月后，联队正式迁往卡斯维尔基地。同年8月1日，美国空军正式宣布B-58进入空军服役。

⟳ 蔚蓝天空中航行的B-58轰炸机。

机而使其在三角翼飞行器上有雄厚的实力，因而格外受到美国空军的器重，被其授权，开始了超音速轰炸机的研制工作。直到1954年8月，B-58最终的构形选定。

"盗贼"的外形

美国康维尔公司研制出的B-58轰炸机机身苗条且有优雅的蜂腰，三角形的机翼设计非常简洁，而且在机翼下吊舱中还安装了4台动力强劲的J79发动机。B-58拥有长而坚固的起落架，好给翼下的发动机、吊舱以足够的空间，而飞行控制系统使用带备份的液压控制系统。总的来说，B-58给人的整体印象是一架大号的喷气式战斗机，尤其其采用了类似战斗机一样的座舱布局。3名乘员：驾驶员、导航员兼投弹手以及防御系统操作员全部拥有呈前后串列布置的单独座舱，每个都在机身上有一个蛤壳式座舱盖。虽然这3个舱形成了一个相连的加压舱室，但每个座舱都具有单独的氧气系统。

B-58的服役

虽然B-58的外形非常漂亮简洁，但它的服役时间却相当短暂。1965年12月，美国国防部长宣布B-58开始退出美军现役，他认为B-58的高空高速性能已经无法有效撕开苏联严密的防空网。随即，该机的后续机种FB-111A上马，昂贵的B-58到了退役的时候了。当然美国国防部提前让B-58退役也有说不出的苦衷，和B-52相比，B-58的研制、制造经费惊人，一架B-58如果包括机组成员的装备、地面设备等算起来总价值可达几千万美元，而B-52只要不到一千万美元，而维持两个B-58联队的费用与维持6个B-52轰炸机联队的费用相当。

◀兵器简史▶

早期的B-58使用的是弹射座椅，但是由于发生在高速弹射时的死亡事故，在1962年，根据全新的"救生舱"计划，全体乘员都拥有了一个救生"胶囊"，以增加他们弹射时的生存机会，这是由斯坦利航空公司提供特殊的弹射座椅采用了可以折叠的类似于鸡蛋壳的全新保护方式。

> B-1B 是进行远程重型轰炸的战机
> B-1B 的机组由四人组成

B-1B "轻骑兵" 轰炸机 »»

为躲避战斗机的截击，美国空军的战略轰炸机首先向着高空高速的方向发展。B-1B "轻骑兵" 就是美国在冷战末期开始服役的超音速重型战略轰炸机，它于 1970 年研制，在 1974 年首次试飞，并于 1985 年服役。B-1B "轻骑兵"，目前由波音公司进行发展开发，它可以运载大量的核武器设备。

🎧 天空中的 "轻骑兵" ——B-1B

制的一种远程、多用途、可变后掠翼超音速战略轰炸机，最大航速 1.25 马赫，续航能力为 1.2 万千米，可以执行洲际战略轰炸任务。美国人自己将 B-1B 称之为 "轻骑兵"，可见其对 B-1B 还是颇为赏识的。

何谓战略轰炸机

战略轰炸机一般是指用来执行战略任务的中、远程轰炸机。它是战略核力量的重要组成部分，是大当量核武器的主要运载工具之一。它既能带核弹，也能带常规炸弹；既可以近距离投放核炸弹，又可远距离发射巡航导弹，既可作战略进攻武器使用，在必要时也执行战术轰炸任务，支援陆、海军作战。B-1B 是由美国洛克韦尔飞机公司研

研发背景

在 20 世纪 60 年代，美国空军认为有人驾驶飞机是战略威慑力量不可或缺的部分，所以在 1962 年又提出 "先进有人驾驶战略飞机" 计划，要求研制一种低空高速突防能力强的轰炸机，此种轰炸机将作为 B-52 的后继机，但计划进展缓慢。1969 年，尼克松政府决定加速先进有人驾驶战略计划。同年 11 月，美国国防部开始招标，由 3 家飞机公司及两家发动机公司进行飞机和发动机

在 2003 年的伊拉克战争中，B-1B 表现突出。4 月 8 日，B-1B 在收到巴格达某特定目标坐标之后的 12 分钟内，完成了将 4 颗 908 千克 JDAM 炸弹投向目标的行动。从启动飞机到进入攻击位置，并对这个目标实施轰炸总共只用了 12 分钟。

的设计竞争。1970 年 6 月，空军选定罗克韦尔公司的洛杉矶分公司承制机体，通用电气公司承制发动机，并把该机定名为 B-1。1978 年，美国国防部对包括 B-1 在内的几种飞机作了巡航导弹载机对比试飞，再次认定 B-1 是优秀的巡航导弹突防平台。1979 年 11 月，空军进而要求罗克韦尔公司将第三架 B-1 原型机改成巡航导弹载机。同时，美国国防部经研究认为下一代轰炸机应具有执行多种任务的能力，也就是说必需有良好的常规突防轰炸能力，而 B-1 的改型则是最佳的候选机种，这样就产生了 B-1B。

武器配备

精良的武器需要先进的火控系统才能

🔴 B-1B 的正面照片

兵器简史

B-1B 航程在空中加油的情况下可以实施洲际飞行，在携带 AGM-86 空射巡航导弹的情况下，可以对全球任何地方实施打击。根据 B-1B 所参加的几场战争来看，B-1B 一般不从本土基地直接飞往目标地进行轰炸，而是从本土转场至前沿基地，然后从这些前沿基地起飞执行任务。由于 B-1B 的隐形不佳，在未取得制空权时一般于夜间发动攻击。

发挥作用，当然 B-1B 战略轰炸机也不例外。B-1B 装备了诺斯罗普·格鲁曼公司先进的 APQ-164 火控雷达，该雷达使用相位阵列天线，具有强大的地形跟踪能力和极高的扫描频率，工作模式多样化，这使得 B-1B 能够精确定位、完成气象探测，做地形回避、地形跟踪等低空突防动作，最终该雷达将捕捉到目标，引导 B-1B 的各种武器准确攻击。如此多的功能都能集中在了一个火控雷达上，可见其先进的程度。在美国 B-1B 轰炸机的自卫系统中，AN/ALQ-161 电子战系统起着核心作用，它能够有效地干扰各种早期预警雷达和火控雷达。AN/ALQ-161 还包含了诺斯罗普·格鲁曼公司的干扰机、雷声公司的相位阵列天线和一个能监视尾部半球情况的告警雷达，真可谓是集结了完备的优良系统。B-1B 轰炸机主要用于执行战略突防轰炸、常规轰炸、海上巡逻等任务，也可作为巡航导弹载机使用。由于近年来，美空军对 B-1B 的不断改进，B-1B 的作战任务也在不断扩展。

兵器知识 > B-2是世界上迄今为止最昂贵的飞机
B-2可以作为核武器运载飞机

B-2"幽灵"轰炸机 >>>

作为冷战时期的产物的B-2"幽灵"是目前世界上最先进的战略轰炸机,它也是唯一的大型隐身飞机,它由美国诺思罗普公司为美国空军研制。B-2"幽灵"轰炸机的隐身性能可与小型的F-117隐身攻击机相媲美,而作战能力却与庞大的B-1B轰炸机类似。目前,美军正改善B-2的常规高精度打击能力,并逐步解决隐身设计所带来的维护问题。

"冷战"的产物

1977年,"冷战"还在继续。为了能隐秘突入苏联领空,寻找并摧毁前苏军的机动型洲际弹道核导弹发射架和纵深内的其他重要战略目标,美国空军提出要制造一种新型战略轰炸机,要求它能够避开对方严密的对空雷达探测网,潜入敌方纵深,以80%的成功率完成任务。为此,空军拟制出了"军刀穿透者"计划,把隐身技术的应用列入了具体议事日程。由于洛克希德公司不久前提交的样机受到好评,空军便将生产F-117A隐身战斗机的合同交给了这家公司。随着隐身战斗机的投产,美国国防部和国会要人也开始接受了"隐身轰炸机"这一概念,并于1979正式批准了空军提出的研制这种飞机的申请报告。第二年,美国空军就研制"先进战略突防飞机"进行了公开招标,诺斯罗普公司提出的方案得到了首肯。随后,美国空军把该机的研制项目正式定名为"先进技术轰炸机",这就是B-2隐身战略轰炸机的最初名称。

"出山"前的准备

虽然B-2是冷战时期的产物,但它的魅力也无可阻挡,在正式与公众见面之前,它也经历了一番"磨炼"。1988年4月20日,美国空军首次展示了一幅B-2飞机的手绘外形彩图,世界为之一震,航空界人士和众多的军用飞机爱好者无不对其独特的外形而啧啧称奇。同年11月22日,编号为AV-1的B-2原型轰炸机终于问世,一时成为美国公众争相一睹的怪

🔥 B-2"幽灵"是目前世界上唯一的隐身战略轰炸机,由麻省理工学院和诺思罗普门公司一起为美国空军研制生产。

B-2A 集各种高精尖技术于一体，更因隐身性能出众，被行家们誉为"本世纪军用航空器发展史上的一个里程碑"。据说，米格-29 的雷达反射截面为 25 平方米，B-1B 不足 1 平方米，而 B-2A 只有不到 0.1 平方米，相当于天空中的一只飞鸟的雷达反射截面，这就很难被雷达发现。

兵器解密

⚓ B-2 在太平洋上空的投弹训练

物，世界各国的军事刊物也争相对它加以报道。但此后，B-2 再次销声匿迹长达数年。这期间，它经历了军方进行的多次秘密试飞和严格检验，生产厂家不得不根据空军方面提出的种种意见和各种苛刻要求不断进行设计修改。在历时整整 5 年之后，1993 年 12 月 17 日，美国空军终于推出了第一架 B-2A 型飞机。1997 年 4 月 2 日，首批 6 架 B-2A 隐身轰炸机正式在美国空军服役。

良好的隐身性能

若要问 B-2 最突出的特点，那恐怕就是它优良的隐身性能了。B-2A 的整体外形光滑圆顺，毫无"折皱"，不易反射雷达波。驾驶舱呈圆弧状，照射到这里的雷达波会绕舱体外形"爬行"，而不会被反射回去。密封式玻璃舱罩呈一个斜面，而且所有的玻璃在制造时掺有金属粉末，使雷达波无法穿透

舱体，造成漫反射。机翼后掠 33°，使从上、下方向入射的雷达波无法反射或折射回雷达所在方向。机翼前缘的包覆物后部有不规则的蜂巢式空穴，可以吸收雷达波。机翼后半部两个 W 型，可使来自后方的雷达波无法反射回去。

实战应用

1997 年 6 月 12 日，在新墨西哥州白沙导弹靶场进行的作战试验期间，B-2 轰炸机在一次通过中投放了 16 颗 JDAM 制导炸弹。16 颗炸弹瞄 2 个地区的 8 个准目标，每 2 颗 JDAM 炸弹攻击一个目标。B-2 隐身轰炸机的综合作战效能高，利用自身能够隐形的特点，在执行作战任务时通常不需要护航和压制对方防空系统的支援飞机。据美国空军估计，如果使用非隐身战斗飞机执行由两架 B-2 轰炸机完成的任务，则需要更多的战斗机和加油机以及为其护航的飞机，来协同完成作战任务。1999 年 3 月北约在对南联盟空袭中，首次动用了 B-2 战略轰炸机，使这种飞机第一次用于实战。

◀━━ 兵器简史 ━━▶

B-2 轰炸机有三种作战任务：一是不被发现地深入敌方腹地，高精度地投放炸弹或发射导弹，使武器系统具有最高效率；二是探测、发现并摧毁移动目标；三是建立威慑力量。美国空军扬言，B-2 轰炸机能在接到命令后数小时内由美国本土起飞，攻击世界上任何地区的目标。

> 图-22M 轰炸机共有4名机组人员
> 图-22M 被分为前轮舱、主电子设备舱

图-22M 战略轰炸机 >>>

图-22M"逆火"是苏联图波列夫设计局在图-22"眼罩"基础上进行了极大的改进而设计出的超音速变后掠翼中型战略轰炸机，它的外观上主要的改变是改用了切口状二元进气口。图-22M 既可以进行战略核轰炸又可以进行战术轰炸，尤其是携带大威力反舰导弹，远距离快速奔袭。因此图-22M 曾经是美、苏之间裁军谈判的主要焦点之一。

⬆ 图-22M是苏联图波列夫设计局研制的一款超音速可变后掠翼长程战略轰炸机。

"逆火"的研制

图-22M的研制要从图-22讲起。1959年美国第一代超音速轰炸机 B-58 开始批量生产，并投入使用。1961年苏联第一种超音速轰炸机图-22在莫斯科航空节露面，随后装备部队，仅比美国晚两年。图波列夫设计局于1955年开始设计图-22，1958年首次试飞。图-22有四种型别，"眼罩"A和B型执行轰炸任务，C、D型改作侦察和教练用机。该机装两台涡轮喷气发动机，总推

力、升限、航程与B-58差不多，但起飞重量比B-58大。"眼罩"A的弹舱可带自由下落式的核弹或常规炸弹。B型弹舱内可带AS-4"厨房"式核巡航导弹。

计划赶不上变化

虽然 B-58 轰炸机的造价费用非常昂贵，但美国在B-58失败的现实面前并不悔改，又推出了三倍音速的YB-70超音速战略轰炸机方案。20世纪60年代初美国公布YB-70的消息后，苏联空军迫不及待地要搞一种新的导弹载机来抗衡，要求采用普通结构和先进材料，但各项性能要求要达到最好。很显然，这些是针对YB-70轰炸机而言的。因此苏联科研单位准备了多个方案，其中一个方案是由叶瓦奇金设计局后转为苏霍伊设计局研制的T-4飞机。该机采用先进的钛合金结构材料和电传飞行控制系统，性能优异，但只能装两枚空对面核导弹，难以实现战略攻击任务；另一个方案就是后来的"逆火"轰炸机。该机由图波列夫设计局于20世纪60年代中期开始研制，1969年

大量装备苏联空、海军部队的是图-22M2"逆火"，该型有了进一步的改进，翼展加大，翼下起落架整流罩减小，性能有所提高，只因为受"限制战略武器会谈"的影响，拆除了空中加油设备。但据一位曾在"逆火"轰炸机基地服役过的士兵说，所有"逆火"飞机基地都备有空中加油探管。

兵器解密

向外界透露，随后开始飞行试验。1970年7月，美国卫星在喀山地区发现了该原型机。图-22M共制造了12架预生产型用于各种试验，机上设备包括具有对地、对海下视能力的搜索雷达、轰炸导航雷达、SRZO-2敌我识别系统及仪表着陆系统。

"逆火"的特色

图-22M外形最大的特色无疑是其变后掠翼设计，低单翼外段的后掠角可在20°—

55°内变化，垂尾前方有长长的脊面。机尾有一个雷达控制自卫炮塔，装一门23毫米的双管炮。机腹弹舱中可挂12吨常规炸弹或半埋式携带一枚AS-4"厨房"空对地导弹，或在翼下外挂2枚AS-4或AS-6"王鱼"空对地导弹，也可在进气道下方挂架上挂12颗500千克炸弹。可作贴地飞行突防，是自动化程度很高的先进机种。"逆火"轰炸机经不断改进，先后发展了A、B、C三种型别，对应的俄罗斯型号是图-22M、M2、M3。图-22M为基型，从目前保存在莫尼诺苏联空军博物馆的样机来看，该机的机头仍有空中加油传感器，可见当初研制"逆火"时就考虑到空中加油的技术要求。每侧翼根有一个很大的主起落架收容舱，这一设计影响了航程的延长。虽然"逆火"的设计相当出色，但是它并不是完美无缺的，在20世纪的后期就曾发生过事故，已经有两架图-22M轰炸机因发动机故障而坠毁。

停在草坪上的图-22M战略轰炸机。

> TU-95"熊"的正常起飞重量 154 吨
> TU-95"熊"最大巡航时速为 760 千米

TU-95"熊"轰炸机 >>>

TU-95 是苏联研制的四发远程战略轰炸机。"熊"是北约组织给予该机的绰号。TU-95 于 1951 年开始研制,1954 年首次试飞,1956 年交付使用,估计共生产 300 架左右,早已停产;到 1993 年仍有约 230 架 TU-95 在服役,其中俄罗斯有 170 架左右。TU-95"熊"轰炸机具有穿过北极攻击美国本土军事基地和设施的能力。

发展历程

在飞机用于军事后不久,人们就开始用飞机轰炸地面目标的试验。1911 年 10 月,意大利和土耳其为争夺北非利比亚的殖民利益而爆发战争。11 月 1 日,意大利的加福蒂中尉驾一架"朗派乐一道比"单翼机向土耳其军队投掷了 4 枚重约 2000 克的榴弹,虽然战果甚微,但这是世界上第一次空中轰炸。这次轰炸任务都是由经过改装的侦察机来进行的,炸弹或炮弹垂直悬挂在驾驶舱两侧,待接近目标时,飞行员用手将炸弹取下向目标投去,其命中精度可想而知。1913 年 2 月 25

日,俄国人伊格尔·西科尔斯基设计的世界上第一架专用轰炸机首飞成功。这架命名为"伊里亚·穆梅茨"的轰炸机装有 8 挺机枪,机身内有炸弹舱,并首次采用电动投弹器、轰炸瞄准具、驾驶和领航仪表。1914 年 12 月,俄国用"伊里亚·穆罗梅茨"组建了世界第一支重型轰炸机部队,于 1915 年 2 月 15 日首次空袭波兰境内德军目标。第一次世界大战期间,轰炸机得到迅速发展和广

➡ TU-95 是目前全世界唯一仍服役中的大型四涡轮螺旋桨发动机战略轰炸机,它集空射导弹发射平台、海上侦察机以及军用客机功能于一身。

图-95采用后掠机翼,翼上装4台涡桨发动机,每台发动机驱动两个大直径反转四叶螺旋桨。机身细长,翼展和展弦比都很大,平尾和垂尾都有较大的后掠角。其中"熊"J的用途与美国的E-6类似,是通信中继机。机上有超低频通信电子设备,以保证核潜艇与司令部之间的联络。

⬆ TU-95"熊"轰炸机

泛使用,但当时轰炸机的时速不到200千米,载弹量1吨左右,多为双翼机。

了解TU-95

TU-95"熊"是一款用于对地面、水面目标进行轰炸的飞机,它具有突击力强、航程远、载弹量大等特点,是航空兵实施空中突击的主要机种。TU-95"熊"轰炸机有多种分类,如果按完成任务范围分,可将其分为战略轰炸机和战术轰炸机;若按载弹量分,可分为重型(10吨以上)、中型(5—10吨)和轻型(3—5吨)轰炸机;要是按航程分,可分为近程(3000千米以下)轰炸机、中程(3000—8000千米)轰炸机和远程(8000千米以上)轰炸机,中近程轰炸机一般装有4—8台发动机。TU-95机上武器系统包括机载武器如各种炸弹、航弹、空地导弹、巡航导弹、鱼雷、航空机关炮等。机上的火控系统可以保证轰炸机具有全天候轰炸能力和很高的命中精度。轰炸机的电子设备包括自动驾驶仪、地形跟踪雷达、领航设备、电子干扰系统和全向警戒雷达等,用以保障其远程飞行和低空突防。现代轰炸机还装有受油设备,可进行空中加油。

性能特点

谈到TU-95"熊"轰炸机的性能,不能不提的有以下几个方面:第一是它具有穿过北极攻击美国本土军事基地和设施的能力。除能执行重要的战略攻击任务外,还被用于执行照相电子侦察、海上巡逻及反潜等各种任务;第二是TU-95采用了涡桨发动机,这就导致了它的飞行速度比较慢,所以TU-95不适于在3000米以下的高度飞行;第三是TU-95的自卫能力差,只能袭击无防空力量的目标,或是夜间在使用电子干扰设备情况下进行袭击。第四是TU-95的改型机种比较多,所以它的适用范围较广。在这些性能中,有优势也有缺点,当然也是不可避免的。TU-95的改型机种比较多,"熊"A是基本型,此外还有"熊"B;"熊"C是一种攻击机型,与B型相似;"熊"D属于电子侦察型;"熊"E专门进行海上侦察任务。

兵器简史

图-95H的机身以图-95F为基础,但更短。苏联编号为图-142K。该机的机头雷达罩更大更长,垂尾尖部有一个小型整流罩,去掉了后机身下部炮塔。图-95H能带10枚AS-19巡航导弹,其中6枚挂在弹舱内的旋转发射架上,另外4枚挂在两侧翼根的挂架上。1984年获得初始作战能力。

> Tu-160和B-1相似，被称为红色B-1
> Tu-160最大平飞速度2000千米每小时

TU-160"海盗旗"轰炸机 >>>

图-160"海盗旗"是苏联最后一代，也俄罗斯最新一代的远程战略轰炸机，自居世界之冠。"海盗旗"实际上是该机的北约代号。图-160是苏联图波列夫设计局研制的四发变后掠翼超音速远程战略轰炸机，用于替换米亚-4和图-95飞机执行战略轰炸任务。估计该机是在20世纪70年代开始研制的，1987年5月开始进入部队服役。

招标研制

对于楼房的建设，恐怕大家都知道，在具体决定由哪家建筑公司来盖建之前，会采用招标的方式决定其建造者。图-160是由图波列夫设计局于20世纪70年代开始设计的战略轰炸机，该机的研制也是采用招标的方式进行的，参与招标的有图波列夫设计局、米亚设计局和苏霍伊设计局。图波列夫设计局提出的方案是在TU-144超音速旅客机的基础上发展的；米亚设计局提出的设计称为M-18方案；苏雷伊设计局提出的方案是在T-4飞机基础上的改进设计。当时空军认为M-18设计方案是比较好的，但是考虑到图波列夫设计局具有大型轰炸机的设计经验和生产能力，所以，最后决定还让图波列夫设计局在M-18方案的基础上研制TU-160战略轰炸机。原型机1981年12月19日首飞，1987年5月开始进入部队服役，1988年形成作战能力，替代米亚-4和图-95飞机执行战略任务。

美丽的"混血儿"

图-160"海盗旗"被它的驾驶员昵称为"白天鹅"，这不仅仅是因为它惊人的操控性能，也是它表面采用无光泽白色空优迷彩涂料的原因。从"海盗旗"的血统可以确定它是一个多重父母的混血儿，它的可变后掠翼来自M-18，而M-18的后掠翼又是苏联公认最成功的设计，而图波列夫设计

一架在2007年莫斯科航展表演的俄罗斯空军图-160

Tu-160的机载设备包括电介质机头锥内的导航和攻击雷达，据称有地形跟随能力；机尾装有预警雷达、天文和惯性导航系统、航行坐标方位仪；机前机身下部整流罩的前部是平板透明罩，装有武器瞄准光学摄像机，以及主动、被动电子对抗设备等。机尾装有预警雷达。另外该机还装有各种主动、被动电子对抗设备。

兵器解密

局相中这一点的就是在航空气体动力学上无穷的潜力。在1981年12月19日，图-160就展开了第一次试飞。不过正式生产的许可一直到1984年才批准，就在当初预定要生产苏霍伊T-4的喀山飞行协会进行。1987年5月，图-160开始进入部队服役，1988年形成初始作战能力。图-160的作战方式以高空亚音速巡航、低空亚音速或高空超音速突袭为主，在高空时可发射长程巡航导弹在敌人防空网外进行攻击；担任防空压制任务时，可以发射短距离飞弹。此外，该机还可以低空突袭，用核子弹头的炸弹或是发射导弹攻击重要目标。

深入了解"海盗旗"

"海盗旗"采用变后掠翼布局，机翼较低，并采用翼身融合体技术。机翼固定段前缘的后掠角较大，呈弧线形，直到机头座舱的两侧。最关键的是，当机翼全后掠时，它两侧后缘襟翼的内段向上竖起，这就好像一对大翼刀，机翼的可动段上有全翼展前缘襟

图-160轰炸机的机轮舱也是飞机入口

翼，后缘有较长的双缝襟翼及插入式下偏副翼。全动式后掠平尾安装在垂尾与背鳍的交界处，位置较高。平尾以上的垂尾段也是全动式的。平尾与垂尾交界处的后部有一锥形整流罩，内装减速伞。背鳍较大。另外，"海盗旗"为减少雷达反射波，还对翼身融合体结构作了修形设计，而机体结构大量使用了钛金属钮盒。接着，我们再来看看"海盗旗"的弹舱与内舱设计在"海盗旗"的机翼与机身连接结构的前后各有一个长10米的弹舱，可收放前三点式起落架的双轮前起落架向后收起，主起落架为小车式，每侧有三对机轮。主起落架支柱向后收起，同时机轮小车沿着中间一对轮子的轴线旋转90°，最后机轮小车与收起了的支柱平行地放置在舱内。有一个小尾轮，尾部配有一个减速伞。座舱内四名机组人员前后并列，每人有单独的弹射座椅。座舱每侧有一个窗，可向内向后开启，以便地面通风，乘员从前起落架舱进入座舱。

> 苏-34拥有很强的自我保护能力
> 苏-34的尾锥内有一部后视探测雷达

苏-34 轰炸机 »»

苏 -34战斗轰炸机的原称为苏-27IB，它是由俄罗斯莫斯科苏霍伊设计局联合公司研制的战斗轰炸机。苏-27IB在1990年4月首飞，计划用于替代苏-24和苏-25两种作战飞机。在北约内苏-34同样被命名为"侧卫"。苏-34配备有地形跟踪和回避能力的新型多功能相控阵雷达，可保障战机在任何天气和昼夜条件下打击空中和地面目标。

◐ 苏-34双发重型战斗轰炸机是俄罗斯苏霍伊在苏-27全天候重型战斗机基础上改进而来，是下一代俄罗斯空军的主力。

一个10年的落后，再加上资金等因素不允许，因此苏联希望能够拥有一种集截击、制空战斗、对地支援攻击和战术轰炸多种功能于一身的"超级战斗机"，力求通过综合能力取得优势。苏-34前线战术战斗轰炸机就应运而生了。2006年12月12日，俄罗斯空军宣布正式列装首批共2架苏-34多功能战斗轰炸机，到了2020年，俄空军将列装200架苏-34。

超级战机的诞生

就像"冷战"中的任何一个武器攀比游戏一样，为了与美国F-15战斗机对抗，苏联苏霍伊设计局花了整整10年完成了苏-27P专用截击战斗机的研制。然而当苏-27P/S系列投入生产的时候，F-15随即发展出了F-15E"双重任务战斗机"。虽然模拟结果表明苏-27P/S的综合空战能力比F-15A高30%，但是不具备新型F-15所具备的"双重"作战能力。而如果继续投入资金追逐"双重"作战能力，苏联很有可能将面临下

研发历程

为满足苏联空军要求，苏霍伊设计局决定在苏-27UB战斗教练机的基础上发展苏-27IB前线轰炸机，在不更改苏-27UB气动布局和结构设计的情况下增加它的对

苏-34采用了数字式多余度电传操纵系统,该数字电传操纵系统具有主动控制功能,在低空湍流中飞行时能大幅度减小飞机的上下颠簸,提高攻击的瞄准精度、减少机体的变形和机组乘员的疲劳,使飞机能够在低空进行长时间地形跟踪飞行。

兵器解密

兵器简史

强大的武器系统和多种攻击能力是苏-34的主要特色。它的固定武器为一门GSH-301型30毫米航炮,机上共有10个挂架,可挂带R-77型中程空空导弹、R-73型近程空空导弹、Kh-31P、Kh-59M和Kh-15PM等空地、空舰导弹、PTAB-1M型反坦克弹、ShOAB型人员杀伤弹,还有23毫米6管加特林机枪。

面打击能力,同时保留原有的空战能力。以苏-27UB为基础的改型设计方案于1983年完成,但是随后设计局决定将原来的串列双座布局改成并列双座布局,这样避免了某些仪表和操纵机构的重复设置,使两名乘员之间更容易相互配合,提高了战斗效率和飞行安全性。1990年苏-27IB的设计基本结束,1990年4月13日,苏-27IB的第一架试验样机——苏-27UB改装的T10V-1进行了首飞。1995年俄罗斯决定在当年的巴黎国际航空展上展出苏-34,该机以苏-32FN的出口名称参加巴黎航展。到了1999年,在莫斯科航展上该机采用了新的编号——苏-32MF,表示它是一种多用途作战飞机而不只是"海军战斗机"。

奇特的外形

虽然是攀比诞生的产物,但苏-34轰炸机却有着与众不同的外形,如果要用一个词来形容它的外形,那鸭头蛇尾恐怕是比较贴切的了。苏-34外形上区别于"侧卫"家族其他成员的特点主要有独特的扁平机头、并

列双座的座舱、三翼面布局、加粗加长的尾锥和小车式主起落架。该机的前机身是重新设计的,后机身则只在苏-27UB的基础上稍作改进。为了安装新型的无源相控阵雷达,该机采用了"鸭嘴"型扁平机头,这种机头不但能够在飞机大迎角飞行时增加纵向稳定性,而且试验表明这种两侧带折角的扁平机头能够大大地减小迎风面的雷达反射面积。

苏-34的改型机种

苏-34的进一步改型为苏-32FN,用于海上攻击和侦察任务,1997年12月该机基本定型。苏-32FN岸基侦察攻击机曾先后于1995年和1997年在法国航空航天博览会上展出,引起了世界各国航空专家的高度重视。一些专家认为,苏-32FN岸基侦察攻击机是一种新型的具有攻防兼备作战能力的飞机。此外,苏-32FN岸基侦察攻击机的作战性能不只是局限于上述范围,它能够根据客户的要求进行调整和改进。

苏-34最大特点是扁平的机头,被称为"鸭嘴兽"。

辅助军机

　　飞翔在湛蓝天空的不只是鸟儿，也有进行高空作战的"天空战鹰"，"天空战鹰"可是空军进行高空作战的主力军，其包括侦察机、无人机、直升机、攻击机、战斗机、轰炸机、预警机和运输机，以及空中加油机等。在战场上，似乎侦察机、轰炸机永远是人们眼中的焦点，但是我们也不要忽略了一些辅助军机，它们不仅是前方战机供给的保障，在一定程度上也影响着战争的胜负状况，虽然它们各自执行着不同的任务，但唯一的共同点就是在高空执行任务。想要进一步了解它们吗？那就一起来吧！

兵器
知识

> 空中加油机可增大战机的作战时间
> 空中加油机可以增加飞机的载弹量

空中加油机 >>>

陆 地上行驶的汽车,如果没有了燃油或者燃气,那完全可以在专设的加油站为汽车补充"能量",但是飞机如果在飞行中没有了燃油,那该怎么办呢?于是,空中加油机就应运而生了。空中加油机是专门给正在飞行中的飞机和直升机补加燃料的飞机,它可使受油机增大航程,并且延长续航时间,增加有效载重,提高远程作战能力。

空中加油机的设想

飞机刚刚诞生的时候,因为没有加油机,发生了许多既有趣又令人遗憾的事情。比如,两架飞机进行空战,一架飞机追逐攻击另一架飞机,就在胜利在望之时,忽然飞机油料指示器发出油将用尽的警告。此时,飞行员纵有天大的本领也无济于事,只能望"机"兴叹,赶快返航。又比如,一架飞机要作长途飞行,油如果不够,只能中途停下来,加完油再继续飞行。但是,如果是一架挂满炸弹的轰炸机飞上天空,要让它停下来加油,那事情可就麻烦了,除非它把炸弹全部扔掉,否则机场是不会允许它降落的。因为,万一降落时机上炸弹因颠簸而引起爆炸,那后果可就不堪设想了。由于飞机落到地面加油非常麻烦,因此人们一直梦想什么时候能把加油站搬到空中去。

愿望的实现

1923年8月27日,人们梦想把加油站搬到天上的这一愿望终于实现了,只是这个

加油站比较特殊,它是可移动的,这到底是怎么一回事呢?8月27日那一天,在美国加利福尼亚州的圣地亚哥湾上空,人们看见有两架飞机,在一上一下、一前一后地编队飞行。起初,人们还以为这两架飞机在进行空中表演或者在进行作战任务,但是,忽然人们看到从上面一架飞机上垂下一根十多米长的软管,而下面那架飞机上有一人站在座舱里,伸手捉住这根飘摇不定的软管,把它插进自己飞机的油箱。一会儿,一股航空燃油从上面那架飞机注入了下面这架飞机

🔹 早期的空中加油技术十分简陋,效率也较低,而且当时工程师设想的空中加油技术是为民用航空准备的,但后来空中加油技术却更多地应用于军用领域。

现代化空中加油作业的过程大致如下：首先是加油机和受油机必须依照预定时间在预定地点会合，才能进行空中加油。然后受油机和加油机实施衔接，衔接成功之后加油系统依据信号自动接通油路。加油完毕后，受油机根据加油机的指挥进行脱离。

使用飞锚式系统进行空中加油的 F/A–18D 战斗机。

中队。20 世纪 50 年代初，美国研制出更先进的硬管式空中加油设备。不久，苏联也研制出类似的加油设备。随着空中加油技术的不断完善，加油机的作用越来越引起了人们的极大兴趣，许多航空专家把它称作是航空史上具有重要意义的里程碑。

的油箱，原来，上面那架飞机是专门为它身下的飞机补充燃油的。可不要小看这件事情，这可是航空史上的一个伟大创举，它标志着人们梦想已久的"长翅膀的加油站"从此诞生了！上面那架代号为 DH-4B 的飞机，因此被作为世界上第一架加油机而载入航空史册。

空中加油机的发展史

早期的空中加油都是由手工操作的，犹如进行惊险的空中特技表演，因此不可能得到普及。1933 年，苏联一架 TB-1 式轰炸机采用 A.H. 扎帕诺万内研制的加油设备，成功地给一架 P-5 侦察机进行了空中加油。1934 年，美国也研制出了空中加油设备。20世纪 40 年代中期，英国首先研制出"绞盘软管"式空中加油设备，安装在早期的空中加油机上。1948 年年底，美国空军从英国购买了全套空中加油设备，安装在自己的加油机上，组建了一个KB-29 和KB-50 加油机

空中加油机的作战史

越南战争是战争实践中首次大规模实施空中加油的开端，从战争爆发到停战的 9 年零 2 个月时间内，美军的 172 架 KC-135 加油机共飞行约 19 万架次，进行空中加油 80 多万次，共加燃油 400 多万吨。空中加油在现代局部战争中的上乘表演昭示，现代空中加油已经大大增强了航空兵的远程作战、快速反应和持续作战能力，使空中作战的能力跃上了一个新台阶。

兵器简史

早在第一架固定翼航空器问世之初，就有人提出进行空中加油，以延长航空器的滞空时间，或减少航空器的内载油量便于起飞。第一次空中加油则出现在 20 世纪 20 年代，然而自第一次空中加油出现之后二十多年漫长时间里，空中加油这项新技术竟因乏人问津而"束之高阁"。

KC-135 空中加油机 >>>

可以为美国空军、海军、海军陆战队的各型战机进行空中加油的 KC-135 空中加油机，是美国波音公司在 C-135 军用运输机的基础上改进而成的一种大型空中加油机。它于 1956 年 8 月首次试飞，1957 年正式装备部队，代号"同温层油船"。KC-135 空中加油机最初的设计主要是为美国空军的远程战略轰炸机进行空中加油的，其表现不俗。

初识 KC-135

KC-135 加油机是波音公司在波音 707 原型机的基础上发展起来的，主要担负为远程轰炸机进行空中加油。其主要型别有：A（标准型，共 500 架）、E（改进型，约 130 架）、R（A 型改装的新型，250 架）、C-135F（为法国生产的加油机，共 11 架）等。它所装的燃油可以给多种型号的战斗机加油，也可供自身的发动机使用。KC-135 空中加油机采用的是伸缩套管式（硬管式）加油方式，由机外伸缩主管、伸缩套管和 V 型操纵舵组成。伸缩套管在加油时才从主管中伸出，并能在加油过程中根据受油机的相对位置伸缩调节。一架 KC-135 空中加油机可在空中为一架 B-52 战略轰炸机或 2 架 FB-111 战斗轰炸机实施加油。

高性能的配置

KC-135 空中加油机既然能给多种战机进行空中"能量补给"，那么它所拥有的配置是怎样的呢？ KC-135 空中加油机的主翼后掠角 35°，机翼下装有 4 台喷气式发动机。最初 KC-135 空中加油机采用的是 J57-P-59W 涡轮喷气发动机，单台推力为 6236 千克，总推力是 24944 千克。它的机体可分上、下两个部分，上半部一般作为货舱，下半部几乎全部是燃油舱，货舱左舷配置一个大型货舱门。KC-135 的机身后段是加油作业区。就以 KC-135E 为例，它可装载约 100 多吨的燃油，货舱内最多能装载约 37 吨的货物。此外，它的机组人员共有四至五名，包括正、副驾驶，领航员及空中加油操纵员，机上通常有第五名组员——观察员。加油操纵员的任务是完成加油机与受油机

海面上空的 KC-135 加油机。

KC-135 加油机可以给各种性能不同的飞机加油。喷气式战机在加油时排除了像 KC-97 螺旋桨式加油机那样，让受油者降低高度及速度的麻烦，既提高了加油安全性也提高了受油机的任务效率。

🔊 KC-135 实施空中加油的场景。

之间的联络、对接及控制加油量的工作。

KC-135 的改进

时代在不断更替，科学技术也在不断发展，为了延长服役期限，提高战术技术性能，美国空军改装了 300 余架 KC-135 空中加油机。KC-135 空中加油机的改进型为 KC-135E（配备 TF-33-PW-102 发动机）与 KC-135R（配备 F108-CF-100 发动机，即 CFM-56 发动机）。用美、法联合研制的 CFM-56 涡轮风扇发动机改装后的 KC-135 空中加油机

◄◄◄ 兵器简史 ►►►

1967 年 5 月 31 日，一架 KC-135 正在空中为两架战斗机加油。突然，两架执行任务的 A-3 型加油机从远处飞来，请求 KC-135 也为它们加油。于是，航空史上的奇观出现了：KC-135 加油机的油管接着两架 A-3 加油机，而 A-3 加油机的油管上又连接着两架歼击机，这样，由一架加油机、两架 A-3 和两架歼击机组成的五架飞机以相同的航向、航速和高度像个整体一样前移，其阵势相当庞大。

称为 KC-135R 空中加油机。第一架改装的 KC-135 空中加油机于 1982 年试飞，20 世纪 80 年代末改装全部完成。美国空军逐步将 KC-135E 提升至 KC-135R 的规格。美国空军在 2002 年启动 KC-135 "灵巧加油机" 计划。改进后的 KC-135 有更强的收集、传递和发送信息能力，能使用不同的数据链在战区内相互通信联系，从而极大地提高战区加油的效率。此外，KC-135 还将不断加强通信能力。

葬身百慕大三角

死神的居住地 "百慕大三角" 在 1945 年 12 月 5 日发生了一个事件，当时美国海军第十九飞行中队从佛罗里达州的劳德代尔堡海军基地起飞，执行例常练习任务。这些飞机燃料充足，足够此次飞行，但经过 "百慕大三角" 的时候，这些飞机突然就无缘无故的失踪了。1963 年 8 月的一天，美军两架巨型 KC-135 军用空中加油机在返回迈阿密四周的霍姆斯特德空军基地时也相继坠毁，葬身地点就在百慕大上空。

兵器知识

> E-1B 是世界上第一次实用的预警机
> 预警机探测范围可达上千千米

预警机 >>>

预警机又称空中指挥预警飞机,它集指挥、控制、通信和情报于一体。有位以色列飞机工业公司总裁说过这样一句话:"一个国家如果有较好的预警、监控、情报搜集能力,即便战机数量只有对手的一半,也一样可以赢得战争。"预警机自诞生之日起,就在几场高技术局部战争中大显身手,屡建奇功,深受各国的青睐。

发展历史

美国海军根据太平洋海、空战的经验教训,为了及时发现利用舰载雷达盲区接近舰队的敌机,试验将警戒雷达装在飞机上,利用飞机的飞行高度缩小雷达盲区,扩大探测距离,于是便把当时最先进的雷达搬上了小型的 TBM-3W 飞机,改装成世界上第一架空中预警机试验机 AD-3W "复仇者"。20世纪50年代,美国继续预警机的研制工作,将新型雷达安装在 C-1A 小型运输机上,改装成 XTF-1W 早期预警机,于1956年12月17日前次试飞,后来又经改进,装上新型电子设备,在1958年3月3日试飞成功,正式定名为 E-1B "跟踪者"式舰载预警机,1960年1月20日正式装备美国海军。到了20世纪70年代,脉冲多普勒雷达技术和机载动目标显示技术的进步,使预警机在陆地和海洋上空具备了良好的下视能力;三坐标雷达和电子计算机

的应用,使预警机的功能由警戒发展到可同时对多批目标实施指挥引导。于是便诞生了新一代预警机,其代表是美海军的 E-2C 预警机。

预警机的主要功能

预警机主要由航空母舰舰载预警飞机和侦察卫星等组成,通常以电子侦察设备等发现敌目标,迅速将情报信息传送给航空母舰指挥控制中心,由其指挥舰载武器实施攻击。电子侦察警戒网的主要任务是争取在

🎧 E-2C 空中预警机

苏联设计研制的A-50空中预警飞机,主要用于配合战斗机执行防空或战术作战任务,可以提供对陆地和海上的空中预警、指挥和控制能力,于1986年开始装备部队。A-50是选用大型喷气运输机伊尔-76改装成载机的,改装后的A-50最大时速每小时850千米。

兵器解密

敌作战平台(飞机、水面舰艇和潜艇)发射导弹之前将其发现,并引导己方兵力进行拦截和干扰;发现来袭导弹后即向航空母舰战斗群发出警报,进行目标指示,保障战斗群的各道防线实施有效干扰或将导弹击毁。舰载预警机通常配置在以航空母舰为中心的敌来袭方向上。每艘航空母舰搭载预警机4—5架,作战时能保证有一架在空中警戒。预警机可在半径数百海里、高度30000米以下的广阔空域同时发现、识别、跟踪、监视250个以上速度不同的各类目标,并控制30架作战飞机进行空战。

美中不足

　　事物都有它的两面性,有好的一方面,就有不足的一方面,预警机也不例外。预警机虽监视范围大、指挥自动化程度高、目标处理容量大、抗干扰能力强、工作效率高等,但它也存在着许多弱点:例如活动区域相对固定;活动高度一般在8000—10000米,有一定规律;另外预警机的体形较大,这就使

其雷达反射面积也相对增大,利于雷达发现和跟踪,行迹容易暴露;最关键的是,机上没有攻击武器,所以它的自卫能力就比较弱,再加上电子防护能力弱,工作功率较大,这就极易遭到对方探测、电子干扰和反辐射导弹的攻击;另外,预警机的技术比较复杂,这给作战操纵带来许多的不便。

电子战时代的哨兵

　　随着世界科技的发展,各种电子设备大量装备军队,成为兵器中不可缺少的部分。在电子时代,预警机具备强大的侦查能力,可以及时收集敌方兵器行动信息,并送回己方指挥部门,帮助指挥部门做出正确判断。正是因为预警机有这么大的本领,因此有条件的国家纷纷发展自己的预警机,完善自己的兵器配置,增强己方对战争形势的把握。即使是在发展中国家,许多国家也有了自己的预警机,但是因为技术条件制约,这些国家的预警机功能还无法和发达国家相比。

🔺 E-3哨兵式预警机(又称望楼式)是波音公司生产的全天候空中预警机,主力提供管制、控制、通讯、侦鬼等功能。

E-3"望楼"预警机 》》

预警机号称"千里眼"、"顺风耳",在海军航母编队中担任空中预警和指挥任务,保护航空母舰战斗群。E-3预警机是美国波音公司根据美国空军"空中警戒和控制系统"计划研制的全天候远程空中预警和控制机。E-3预警飞机是一种具有下视能力的全天候远程空中预警和控制飞机,所以别名为 E-3"望楼"。

E-3 的研制

美国是预警机发展最早的一个国家,早在1962年美国空军认为老的预警机已不能满足他们的防空体系的需要,于是就开始考虑研制新预警系统的可能性。1963年美国空军防空司令部和战术空军司令部提出对空中警戒和控制系统的要求,并在1966年分别与波音公司和威斯汀豪斯公司签订了飞机和雷达系统的研制合同。1970年和1973年他们的方案分别被选取,然后用波音 707-320B 改装两架试验机进行对比试飞,试验机编号为EC-137D。随后又以波音707为基础,制造了三架原型机,这就是E-3的前身。1975年E-3的第一架原型机试飞,1977年第一架生产型交付使用。1978年5月已生产8架飞机,初步形成作战能力。到1984年6月,原订的34架E-3飞机全部交付完毕。按计划这些飞机中的1/3驻扎在国外,作为防空警戒与战术空军的空中指挥机;其余驻扎在美国本土,用于本土的防空和作为后备力量。

背上的"大蘑菇"

作为世界上最好的大型预警机,E-3有什么过人之处呢?其实E-3背上的"大蘑菇"——雷达罩,是E-3在外观上与其他飞机相比最特别的地方。该雷达罩直径9.1米,厚度1.8米,用两个支柱支撑在离机身 3.3 米高处。内部安装有雷达天线系统,这一雷达系统使E-3能够提供对大气层、地面、水面的雷达监视能力。另外,对低空飞行的目标,其探测距离达320千米以

↑ E-3 望楼式预警机是波音公司生产的全天候空中预警机,主力提供管制、控制、通信、侦察等功能。

E-3的其他主要子系统是导航、通信、电脑。电脑控制台上显示器把资料以图形和表格方式呈现,监视、确认目标、兵器控制调度、战术管制、通信等都是在电脑控制台上完成的。E-3的雷达和电脑子系统可以显示当下战场状态,资料随时收集随时更新。

兵器解密

🔶 E-3预警机的驾驶舱内部

计算机操作员工作台、3个一排的9台多用途控制台、值勤军官工作台、雷达接收机与雷达操作员工作台以及信号处理机机柜。机尾处是乘员休息间和备用救生器具存放柜。机舱前部计算机工作台左侧有跳伞投放设备,当发生危险时,可以成为飞行员的逃生路径。

上,而对中空、高空目标的探测距离会更远。E-3的雷达系统还具有敌我识别系统,它的敌我识别系统具有下视能力,并能抗地面杂波干扰,而其他一些雷达在这种条件下无法去除干扰。E-3的单价也非常高,其价格昂贵的主要原因也是因为它配备了大量的且先进的电子设备。

高性能的座舱

再好的战机也需要好的飞行员进行操控,E-3的设计就非常的人性化,充分考虑了飞行员的感受,在座舱的设计上就花足了功夫。E-的第一批生产型可载17名乘员,其中驾驶员4名,系统操作员12名,后者分别负责操作通信设备、计算机、雷达和9台多用途控制台,另有值勤军官1名。在上层机舱内,由驾驶舱向后依次排列有:通信设备机柜与通信操作台、数据处理设备机柜与

E-3的主要型号

E-3的主要型别有E-3A、B、C、D四种。E-3A为美军的首批生产型,其机体与波音707-320B基本相同,此外还有E-3B和E-3C,E-3D三种型别。E-2B是美军用的头两架E-3改进发展来的,与A型相比提高了目标处理能力并具有搜索海上舰艇的能力;E-3C和E-3D是给北大西洋公约组织及英国空军的型号,基本与E-3B相同。

◀━━ 兵器简史 ━━▶

E-32第一次参战是海湾战争的沙漠之盾行动,建立一个全方位雷达网去防堵伊拉克,而沙漠风暴期间,E-3完成400多次任务和超过5000小时飞行记录,历史上第一次有预警机雷达记录下了所有空战经过。除了提供及时的敌军动态,E-3也支援了40次空对空击落中的38次。

> 侦察机搜集情报的种类逐渐增多
> 侦察有目视侦察、成相侦察和电子侦察

侦察机 >>>

侦察机泛指所有担任情报与资料搜集的军用机种,是现代战争中的主要侦察工具之一。其侦察的对象包含作战中的敌人部队,交战中的敌对国家内部或与本国利益有关系的其他国家内部的相关情报。飞机诞生后,最早投入战场所执行的任务就是进行空中侦察,因此,侦察机是飞机大家族中历史最长的机种。

↑ 美国 RQ-4 全球鹰无人侦察机

侦察机的诞生

侦察机是专门用于从空中获取情报的军用飞机。在飞机刚刚装备给军队之时,人们想到飞机在战争中的第一个用途便是侦察敌情。1910 年 6 月 9 日,法国陆军的玛尔科奈大尉和弗坎中尉驾驶着一架亨利·法尔曼双翼机进行了世界上第一次试验性的侦察飞行。这架飞机本是单座飞机,由弗坎中尉钻到驾驶座和发动舱之间,手拿照相机对地面的道路、铁路、城镇和农田进行了拍照。可以说,从这一天起,最早的侦察机便诞生。第一次战争中的侦察飞行发生在

1910 年 10 月爆发的意大利——土耳其战争中。1910 年 10 月 23 日,意大利皮亚查上尉驾驶一架法国制造的布莱里奥 X1 型飞机从黎波里基地起飞,对土耳其军队的阵地进行了肉眼和照相侦察。此后,意军又进行多次侦察飞行,并根据结果编绘了照片地图册。

战争中的发展应用

第一次世界大战爆发后,欧洲各交战国都很重视侦察机的应用。在大战的初期,德军进攻处于优势,直插巴黎。1914 年 9 月 3 日,法军的一架侦察机发现德军的右翼缺少掩护,于是法国根据飞行侦察的情报趁机反击,发动了意义重大的马恩河战役,终于遏止了德军的攻势,扭转了战局。在第二次世界大战中,侦察机应用得更广泛,出现了可进行垂直照相及倾斜照相的高空航空照相机和雷达侦察设备,在第二次世界大战末期还出现了电子侦察机。20 世纪 50 年代,侦察机的性能明显提高,飞行速度超过了音速,还出现了专门研制的战略侦察机,如美国的 U-2 侦察机。到了 20 世纪 60 年代,又出现

在侦察机多种侦察方式中，以光学作为侦察手段的历史最久，以光学进行侦察的方式可以分为三种：用肉眼进行观察，以照相机拍摄连续或者是不连续的照片观察，以及使用摄影机拍摄连续影片观察。比较新的系统的逐渐以电子资料取代过去使用的胶卷。

兵器简史

侦察机一般不携带武器，主要依靠其高速性能和加装电子对抗装备来提高其生存能力。通常装有航空照相机、前视或侧视雷达和电视、红外线侦察设备，有的还装有实时情报处理设备和传递装置。侦察设备装在机舱内或外挂的吊舱内，成相侦察是侦察机实施侦察的重要方法。

了飞行速度达音速的 3 倍、飞行高度接近30000 米的所谓"双 3"高空高速战略侦察机，如美国 SR-71 和苏联的米格-25。这时期，无人驾驶侦察机也开始得到广泛使用。

侦察机的分类

侦察机可以分成战略侦察机与战术侦察机两类。战略侦察机是在第二次世界大战之后才出现的机种，它所要侦察的情报不仅仅是目标国家或者是地区的军事力量，还包括维持这个军事力量与运作的相关资源的调查与情报搜集，譬如粮食、矿产、电力、交通网络等。战略侦察机需要进入侦测国家或者是地区的领空内，因此滞空时间与航程的要求都比较高，携带的侦测器材也较为特殊。美国曾利用包括 U-2 与 SR-71 等战略侦察机，以高空或者是高空高速的方式穿越他国领空侦察的方式，引起不少国际抗议，各国逐渐以间谍

卫星与无人飞机作为取代的工具。战术侦察机担任近距离或者是接近战场地区的情报搜集工作，从"二战"开始，许多战术侦察机是由战斗机，或者是连络机等较小的军用机种加装侦察设备改装成专业战术侦察机。

侦察机的未来

随着科学技术的日新月异，侦察卫星的出现取代了相当一部分侦察机的作用。另外，由于防空导弹的发展使侦察机深入敌方的飞行变得日益危险，但侦察机的发展并没有止步。目前有人驾驶侦察机主要执行在敌方防空火力圈之外的电子侦察任务，大部分深入敌方空域的侦察任务由无人驾驶侦察机来执行。侦察机的"隐身"技术正在得到应用和发展，以提高侦察机的生存能力；另外，科学技术的发展使现代侦察机的谍报本领倍增。

米格-25战斗机的侦察型也是高速侦察机的重要代表作。

兵器知识

> U2 侦察机的最大航程是 4830 千米
> 1956 年 5 月，首批 U2 侦察机开始服役

U2 侦察机 >>>

美国在 20 世纪 50 年代研制成功的 U2，外号"蛟龙夫人"，它是美国洛克希德·马丁公司研制开发的一种专用的远程高空侦察机，也被称作"间谍幽灵"，U2 是当时世界上最先进的空中侦察机，它全身被涂成黑色，飞行在近 20000 米以上的高空，其他国家的任何武器都不能达到它的高度，只能任其在领空从容翱翔。

发展起源

自 20 世纪 40 年代"冷战"开始，美国对苏联国内的情报需求甚切，空军开始以波音 RB-47 侦察机闯入苏联领空进行高空侦照，当时苏联的空防仍然存在漏洞，很多边界和领空都未有雷达覆盖，美军就利用这些空隙进入苏联领空进行侦察。到了 1950 年，苏联的防空政策有非常重大的转变，开始攻击一些飞近国界或入侵领空的外国飞机。1952 年 8 月，苏联战机闯入日本北海道领空击落 1 架美国空军 RB-29 侦察机，对于美国来说，想要在苏联领空进行高空侦照变得愈来愈危险。因此，美国空军开始寻求一种飞行高度在 20000 多米或以上的亚音速高空侦察机，来逃避苏联战机的拦截。未与空军签订研究合同的洛克希德公司在得知空军计划后，于 1954 年开展飞行高度超过 20000 多米的 CL-282 设计，后得到美国总统的批准。为了隐藏其真实用途，美国空军于 1955 年 7 月选择了 U（多用途）这个代号，自此，CL-282 就定名为 U2。

突出的性能

U2 是由美国洛克希德·马丁公司研制开发的，它属于高空间谍侦察机。首飞时间为 1955 年 8 月 4 日，共计生产 55 架，被美国空军用来侦察敌后方战略目标，是在冷战时期美国重要信息来源方式之一。几十年来

➔ U2 "蛟龙夫人"，是美国空军一种单座单发动机的高空侦察机。

由于U2要在高空执行任务,所以飞行员必须穿着一种类似宇航服的压力衣(由大卫克拉克公司制造)以保护飞行员于飞行和弹射时免受危险。但穿着以塑胶物料制造而又密封的压力衣并不舒适,飞行员在飞行途中所产生的热力未能排出,使飞行员常常汗流浃背。

由于要在高空执行任务,而且 U2 驾驶舱只保持了大概 9 千米的气压强度,飞行员必须穿着一种类似于宇航服的压力衣,以确保飞行员在飞行和弹射时免受危险。

它曾征战全球,但是也有十几架在敌国的领空被击落。该机飞行高度为 20000 多米,装载了侦察用特殊照相机,起初用于侦察苏联等社会主义阵营的弹道导弹配置状况。飞机原型是 F-104,为了使其拥有超出常规的高度而拥有巨大机翼。但后来由于战斗机和地对空导弹的技术进步,使高空侦察具有很大危险。1960 年 5 月,在苏联斯维尔德洛夫市上空首次击落 1 架 U2,致使美国空军停止了对苏联的使用。这个时候因为电子和光学传感器的进步,使侦察卫星可以从静止卫星轨道直接收集情报,实质上侦察机的作用已经弱化。

U2 的绝技

作为一种间谍飞机,U2 有两个绝技:一是飞得高。在实际应用中它飞行的最高高度为 22870 米,在当时这个高度不仅超过世界上任何一种战斗机的飞行高度,甚至超过了一般地空导弹的射程,因此,U2 曾一度被认为是难以击落的。二是谍报本领强。它不仅可进行照相侦察,还可以进行电子侦察。它装有 1 台巨型航空摄影机,U2 拍出的照片不仅清晰而且具有立体感。由于 U2 侦察机的飞行高度让人叹为观止,但在总体设计过程中,设计师遇到了难题,即如何在油箱容量和机体重量这两方面找到合适的平衡点。为了能够执行长距离的飞行任务,U2 不得不携带大量的航空燃料,但额外增加的重量却让它不能飞到规定的安全高度,所以设计师不得不对机体进行大规模的减重。为了减轻重量,U2 在制造上采用了很多滑翔机的技术,机翼内部载有 U2 大部分燃油。这些精妙的设计,无疑给 U2 的绝佳性能提供了扎实的保障。

兵器简史

1962 年 8 月,美国当局得悉苏联可能在古巴建立了地对空导弹阵地,中央情报局立即派出 U2 进行核实。U2 终于在古巴西部发现了苏联正在修建的核导弹基地。肯尼迪马上下令对古巴进行海上封锁,美国空军的 B52 轰炸机奉命满载原子弹昼夜飞行。后来双方互作让步,才使这场举世瞩目的导弹危机平息下来。

黑鸟侦察机 >>>

SR-71"黑鸟"，由美国洛克希德公司研制的三倍音速高空战略侦察机。它有一个非常奇特的外形，它全身都是黑色的，两个三角形的翅膀横插在机身的尾部，两台大功率发动机嵌在翅膀中间，每个发动机上还高高撅起个"小尾巴"，远远看去很像一只凌空飞翔的"黑天鹅"。正是由于它具有这副模样，所以绰号叫"黑色的怪鸟"，简称"黑鸟"。

SR-71"黑鸟"是美国空军所使用的一款三倍音速长程战略侦察机，以洛克希德公司的A-12为基础设计而成。同系列的另一款机型是YF-12截击机。

超高的速度

SR-71"黑鸟"是美国空军高空高速侦察机，说它是高空高速侦察机，这绝对不是虚夸的。SR-71的飞行高度可达30000米，最大速度可达3.5倍音速，这称之为"双三"。因此SR-71比现有绝大多数战斗机和防空导弹都要飞得高、飞得快，出入敌国领空如入无人之境，在苏联、中国的"枪林弹雨"中

都未受到任何实质威胁；在以色列上空侦察以色列核设施时，以军为了使自己的核设施秘密不被泄露，就派出F-4战斗机向SR-71发射了AIM-9"响尾蛇"空空导弹，但是出乎意料的是，"响尾蛇"导弹飞得比SR-71还慢。SR-71侦察机创造了纽约飞往伦敦1小时54分56.4的记录，它最高时速可达3529千米，其速度比来福枪的子弹还快，飞行高度是珠穆朗玛峰高度的3倍多，比波音737还大。

"黑鸟"的研制

SR-71研制始于美空军和洛克西德·马丁公司于1959年开始实施的一项计划。该计划最初的目的是为了设计一种能够在

SR-71 上装有先进的电子和光学侦察设备,一小时内它能完成对面积达 324000 平方千米的地区的光学摄影侦察任务。形象地说,它只需要 6 分多钟就可以拍摄得到覆盖整个意大利的高清晰度照片。侦察照相机均装在导轨上,摄影时向后运动,使得相机相对于地面静止。

兵器解密

◀兵器简史▶

虽然"黑鸟"的速度极快,但也有其损失的记录:SR-71 的原型机,于 1967 年 1 月 10 日,因飞机故障在某一基地失事。主机轮爆炸引起镁制轮圈燃烧并蔓延到机身。幸运的是试飞员得以生还;此外还有一架"黑鸟"于 1989 年 4 月 21 日坠毁在南中国海。这是到 1991 年 11 月为止坠毁的最后一架黑鸟,飞行和侦察系统操作员跳伞后安全落到海面。

20000 米以上高空进行高速拦截的战斗机。1962 年,该计划的第一架试验机 A-11 试飞,为了掩人耳目,该机对外宣传时使用 YF-12 战斗机这一称谓。经过对 A-11 及后来加装的火控、武器系统的大量试飞验证,美军认为这一战斗机技术不够成熟,便放弃了该计划。但 A-11 的优秀性能使美军决定将其改进型作为高空高速战略侦察机使用,这就成就了 SR-71。而 A-11 上的火控、武器系统也为后来海军 F-14 战斗机的研制打下了很好的基础。A-11 与后来的 SR-71 外观上主要的区别是边条与机头雷达罩之间有一个切口,而 SR-71 则没有。SR-71 上有两名成员:飞行员和系统操作手。座舱呈纵列式。由于 SR-71 的飞行高度和速度都超出人体可承受的范围,两名成员必须穿着全密封的飞行服,外观看上去与宇航员类似。

突破"热障"

SR-71"黑鸟"侦察机是第一种成功突破

"热障"的实用型喷气式飞机。"热障"是指飞机速度快到一定程度时,与空气摩擦产生大量热量,从而威胁到飞机结构安全的问题。为了突破这一问题,SR-71"黑鸟"的机身采用低重量、高强度的钛合金作为结构材料;机翼等重要部位采用了能适应受热膨胀的设计,因为 SR-71 在高速飞行时,机体长度会因为热胀伸长 30 多厘米;另外,它的油箱管道设计也比较巧妙,采用了弹性的箱体,并利用油料的流动带走高温部位的热量。尽管采用了很多的措施,但 SR-71 在降落地面后,油箱还是会因为机体热胀冷缩而发生一定程度的泄漏。实际上,SR-71 起飞时通常只带少量油料,在爬高到巡航高度后再进行空中加油。1967 年 9 月,29 架 SR-71A 全部试飞成功。1968 年 3 月 8 日,第一架 SR-71A 部署到位于冲绳的嘉手纳空军基地,以取代 A-12 执行战略侦察任务。大约在两周后,SR-71A 开始执行对越南和中国的侦察任务。由于维护费用过高,SR-71 在 20 世纪 80 年代末退役。

⬆ SR-71 的座舱及飞行装置

RC-135"铆钉"侦察机 >>>

近几年来，铆钉常常是一些潮流时装或饰品主搭元素。但在侦察机行列，也有这么一位"时尚达人"，它就是RC-135"铆钉"侦察机。RC-135"铆钉"是美国空军最先进的战略电子侦察机之一，是由其他战机改装而成的。那这架经过改装的侦察机到底有什么过人之处呢？现在就让我们一起去见识"铆钉"的侦察能力。

了解RC-135

RC-135型机是美空军现役部队装备的一种战略侦察机。20世纪60年代初，在C-135型运输机的基础上开始研制和改装战略侦察机；研制成功后，正式定型为RC-135型机。1964年RC-135开始装备美空军，该型机已是美空军侦察部队中服役时间最长、飞行性能较稳定且在和平时期和战争期间都能发挥作用的一种重要战略侦察平台。自问世以来，美国空军长期在亚太地区部署该型机，主要担负对俄罗斯远东地区、朝鲜

🎧 RC-135W型侦察机的内部，像一个设施齐备的空中指挥中心。

半岛、黄海、东海、台湾海峡、南海的战略侦察任务，将朝鲜、中国、俄罗斯作为其重点监视对象。美国空军目前共装备该型机22架左右，分为多种型号。RC-135S型机绰号"眼镜蛇球"，专门用于执行导弹观察任务；RC-135U型机绰号"战斗派遣"，以收集各类电磁波为主要任务；RC-135V/W型机绰号"联合铆钉"，主要执行电子侦察与监测任务；TC-135SW型机主要用于训练。

机载设备与武器系统

RC-135巨大的头部和机身整流罩内装有大量的电子天线，配合机内众多的电子侦察设备，使其能够进行对广泛频段无线电信号的识别和监听。RC-135常常在敌国的国界之外不远处飞行，不侵犯敌方领空却又能够接受到敌国从预警雷达到移动电话的各种电磁信号。值得一说的是，RC-135V和RC-135W的自动电子发射源定位系统，可在数秒内定位、分析和识别雷达。该系统获得的目标数据，其精度虽然对瞄准武器来说还不够，但已精确到足以指引载人飞机、

RC-135 的家族成员可在 360 千米内分辨出 3.7 米长的物体;能分析跟踪无线跳频的变化,辨别出雷达或通信装备的方向、位置、功率,并把它与另一同类发射源区别开。可将搜集的电子信号自动录音,经过压缩后传送给地面接收站。

RC-135"铆钉"侦察机在全速飞行中

无人机到达一个很小的容易搜索的目标区域。RC-135 均装有高频、甚高频和极高频无线电通信,以及由雷达和全球定位系统/惯性导航系统组成的先进导航系统。RC-135 在侦察时,最大的优势在于无须进入敌国领空,大大增强了其任务的自由度和灵活性。由于在国际空域飞行,无须考虑自卫,RC-135 没有配备武器系统。

作战使用

具有优越性能的 RC-135 战略电子侦察机具体执行何种侦察任务?又完成过哪些重大军事行动呢?平时,RC-135 主要用于对世界范围内的目标国进行高空远程战略侦察。该机型能在公海上跟踪导弹弹头的飞行状态,并推测弹道导弹的性能及相关数据,判断发射点和弹着点的位置。此外,RC-135 还能有效侦察各种电子设施信息,

为电子战提供参数。战时,RC-135 能够迅速捕捉和分析战场上的各种电子威胁,然后将分析的结果与其他电子战系统进行协同,最后把目标的数据提供给打击力量。美国空军战时对 RC-135 使用的惯例是与 E-3 空中预警机联手,向决策者、战场指挥官和战斗机飞行员,提供适时的战斗管理情报。更为重要的是,RC-135V / W 的电子侦察能力可弥补其他飞机获得情报的不足。在作战中,它们与 E-3 预警指挥机不断交换数据,对 E-3 收集的情报进行补充,以便更好地了解威胁的情况,从而采取相应的行动。RC-135 经常参与实际作战,其首次参加实战行动是在入侵巴拿马的行动中,之后还参加过海湾战争,并且战绩颇佳。

兵器简史

俄罗斯远东地区和中国是 RC-135 的重点监视对象,亚太区的 RC-135 通常是部署在日本冲绳岛美军基地,起飞后沿侦察目标国的沿海进行侦察。惯例是从冲绳起飞后可先向北飞行,快到目标国领海领空时开始转弯向南飞行,沿着目标国东南沿海一带的海空边界平行飞行,一直到最南边。然后再调头往北飞行,最后返回冲绳。

> 武装直升机垂直起降所需场地比较小
> 卡-50是世界上第一种单座武装直升机

武装直升机 》》》

武装直升机是装有武器、为执行作战任务而研制的直升机。是航空兵器的后起之秀,它虽然起步晚,但发展很快,成了兵器家庭中的一个兴旺家族。在军用直升机行列中,武装直升机是一种名副其实的攻击性武器,因此也可称为攻击直升机。它的问世使军用直升机从战场后勤的二线走到战斗前沿。

名人和玩具带来的启示

要通晓武装直升机,首先得了解一下直升机。人类发明飞机是受到鸟类的启示,而现代直升机的发明是受了中国的竹蜻蜓和意大利人达·芬奇的直升机草图的影响,它们被公认是直升机发展史的起点。竹蜻蜓又叫"中国陀螺",这是我们祖先的奇特发明。有人认为,中国在公元前400年就有了竹蜻蜓,另一种比较保守的估计是在明代(公元1400年左右)。其实"竹蜻蜓",是一种流传较广的民间玩具,一直流传到现在。尽管现代直升机比竹蜻蜓复杂千万倍,但其飞行原理却与竹蜻蜓有相似之处。现代直升机的旋翼就好像竹蜻蜓的叶片,旋翼轴就像竹蜻蜓的那根细竹棍儿,带动旋翼的发动机就好像我们用力搓竹棍儿的双手。竹蜻蜓的叶片前面圆钝,后面尖锐,上表面比较圆拱,下表面比较平直。当气流经过圆拱的上表面时,其流速快而压力小;当气流经过平直的下表面时,其流速慢而压力大。于是上下表面之间形成了一个压力差,从而产生了向上的升力。当升力大于它本身的重量时,

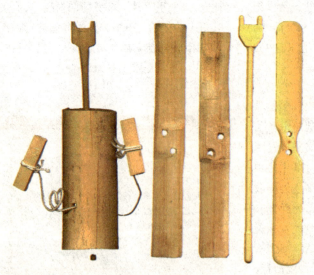

🔸 竹蜻蜓是一种古老的儿童玩具,由转轴和桨翼组成,多以竹木制成。严格地说,竹蜻蜓应括桨翼,转轴和套在转轴外的竹筒三个主要部份。

美国的 AH-1 武装直升机，绰号"眼镜蛇"。

殊机动能力的有机结合，最适应现代战争"主动、纵深、灵敏、协调"的作战原则，可有效地对各种地面目标和超低空目标实施精确打击，使之成为继火炮、坦克、飞机和导弹之后又一种重要的常规武器，在现代战争中具有不可取代的地位与作用。

竹蜻蜓就会腾空而起。直升机旋翼产生升力的道理与竹蜻蜓是相同的。

武装直升机的出现

在直升机上加装武器开始于20世纪40年代。1942年(有说1944年)，德国在Fa-223运输直升机加装了一挺机枪。到了20世纪50年代，美国、苏联、法国等国都分别在直升机加装武器，开始主要用于自卫，后来也用来执行轰炸、扫射等任务。20世纪60年代初，美国在越南战争中大量使用直升机(多为运输型)。战争中，其直升机损失惨重，因而决定研制专用武装直升机。第一种专门设计的武装直升机是美国的 AH-IG，1967年开始装备部队，并用于越南战场。目前，武装直升机可分为专用型和多用型两大类：第一种是专用型，其机身窄长，作战能力较强；第二种是多用型，多用型除了可用来执行攻击任务外，还可用于运输、机降等任务。美国的 AH-1 属于专用型，而苏联的米-24 属于多用型。无论是专用型还是多用型，作为一种武器装备，武装直升机实质上是一种超低空火力平台，其强大火力与特

突出的性能和众多的任务

为什么武装直升机会越来越受到重视呢？这是因为它具有独特的性能，在近年来的一些局部战争中发挥日益重要的作用。它的主要性能特点：一是飞行速度较快，最大时速可超过300千米；二是反应灵活，机动性好；三是能贴地飞行隐蔽性好、生存力强；四是机载武器的杀伤威力大。在现代战争中，武装直升机主要可执行以下的一些任务：一是攻击坦克。武装直升机是一种非常有效的反坦克和装甲目标的武器，在近年来

现役 AH-1W 挂载翼较短,武器搭载量较少。

的一些局部战争中,武装直升机在反坦克作战果累累。二是支援登陆作战。在 1982 年的英阿马岛战争中,英国出动了近百架直升机。三是掩护机降。武装直升机是掩护运输机和运输直升机进行机降的主要火力支援武器。四是火力支援。武装直升机能有效地给予地面部队行动实施火力支援。在海湾战争中,AH-64 等直升机曾为地面部队提供火力支援,为地面部队进攻开辟了通道。五是直升机空战。各国在发展武装直升机的同时,也在考虑如何有效地对付它。目前普遍认为对付武装直升机最有效的武器还是直升机。在未来战争中,直升机间的空战似乎是一个必不可免的趋势。武装直升机还可执行侦察、空中指挥电子战和其他作战任务,因而被称为"战场上的多面手"。

强大的生存能力

武装直升机的生存能力取决于其自身的火力、机动性、防护性、抗坠毁性能和其他安全性能。现代武装直升机的要害部位都添加了具有特殊性能的强度、超硬度、超轻型结构的金属和非金属材料的防弹复合装甲等。防护能力最强的是驾驶员座椅,它能在 100 米的距离上可抗 7.62 毫米枪弹的攻击,其抗弹能力相当于 13—14 毫米厚的装甲钢板,加之它具有高度的机动能力、良好的空防能力和电子对抗能力,其综合生存能力比坦克家族远胜一筹。虽然坦克家族的装甲能力强,但受地形条件的限制,机动性能已经难以对抗精确制导武器发展的速度。它目标大、速度慢,视界和射界有限等先天性难以克服的弱点,使其优越性愈来愈少。它与直升机对抗,犹如蛇与鹰相较,直升机具有坦克无可比拟的优越性。为减少被发现的概率,武装直升机的机身大都采用低光伪装涂料,使武装直升机就像一条"变色龙"。此外,机上还安装有雷达告警、金属箔条施放设备,以对付红外防空导弹和各种地面武器的攻击。

护"机"使者

武装直升机的重要使命之一,就是对己方的运输直升机和其他各种战斗勤务直升

相对地面各种武器而言,武装直升机具有时间上的快速性和空间上飞越地面障碍的高度机动性,可以快速集中、机动和在指定地点作战,巧妙地活动于整个战场;另外,它可以使用不同武器,对前沿和纵深内的各种目标,从各个方向和角度上反复实施攻击。

机实施空中掩护,以对付来自空中和地面对己方运输和战勤直升机构成的威胁,使其顺利完成任务。一般除武装直升机以外的其他直升机不携带武器,有的虽装有武器,但主要用于自卫。例如有的运输直升机上安装了机枪或火箭,在降落时若遇有敌情,可在着陆前先行对敌攻击,扫清障碍,为着陆创造条件。对进入战区执行任务的其他直升机来说,来自空中的威胁主要是敌方飞机或直升机的攻击。担任护航任务的武装直升机,不但能够伴随被掩护的直升机编队共同行动,而且具有较强的与敌军低空飞机、直升机作战的能力,不但可对敌方地面武器实施攻击,予以先行摧毁或作火力压制,而且常与敌直升机、低空飞机格斗,消灭对己方直升机编队造成威胁的目标。现代立体战场错综复杂,敌情瞬息万变,而执行机动运输、侦察、通信联络、指挥、校射、电子对抗和救护等不同任务的各类直升机,完成任

务的重要前提就是武装直升机的保护。

令世界惊讶的卡-50

1992 年 8 月和 9 月,俄罗斯卡莫夫设计局研制的战斗直升机卡-50,分别在莫斯科国际航展和英国范堡罗国际航展上公开露面。多年来,一直令西方好奇的俄罗斯"共轴式双旋翼战斗直升机"之谜,至此终于亮出了谜底。卡-50 刚一出现,就以其独有的特点使世界各国同行为之惊讶。的确,卡-50 是一种相当奇特的战斗直升机。其奇特之处有三:第一,世界上以往的战斗直升机都是单旋翼带尾桨的布局,例如美国的 AH-1 系列、意大利的 A-129、俄罗斯的米-24 等。卡-50 却没有采用这种布局形式,而采用了共轴双旋翼的布局形式,这也是世界上第一种共轴双旋翼战斗直升机。第二,过去,世界上的战斗直升机都是双座的,而卡-50 却是单驾驶布局。第三,在此以前,世界上的战斗直升机在乘员救生上都是通过采用耐坠毁措施来达到目的,而卡-50 却首次采用了战斗机上使用的火箭—降落伞—弹射座椅救生系统。正是卡-50 的大胆设计和这些独有的特点,使它在令人惊讶之时又得到了人们的赞扬。

停靠着的卡-50武装直升机。

V-22"鱼鹰"直升机 >>>

1986 年由美国海军首先开始研制的V-22"鱼鹰",它被设计为短距起降多用途机型,是世界上第一种使用偏转翼的飞机。主要用于人员以及装备运输、特种部队突袭、后勤支援、搜救、反潜、空中预警。其后,美国陆军、空军和海军陆战队也参加了进来,因此V-22被称为"三军联合先进垂直升力飞机"。

新设想的诞生

相对于一般的飞机来说,直升机可以垂直起落,可以向前飞、侧身飞、向后倒飞,还可以悬停,在战场上这无疑是一种战斗力极强的武器。但是在现代化的战场上,速度是影响战争胜利的一个重要因素,但直升机的速度比较慢,这就大大增加了它在战场上的风险,也影响了它的生存力。如果可以在平飞时把桨翼转过来,当做推进螺旋桨用;在起落时把桨翼竖起来,做直升机的旋翼用,

那岂不是一举两得,既增加了速度还节省了起降的空间距离。

V-22"鱼鹰"就是在这一既大胆又创新的设想下,经过达信贝尔直升机公司与波音公司联合研制而成的双发倾转旋翼机,它是在贝尔301/XV-15的基础上发展而来的。其实,早在1981年年底,美国便提出了"多军种先进垂直起落飞机"计划,并于1985年1月将这种飞机命名为V-22"鱼鹰"。

新颖的机型

既然是在新的设想下研制成功的飞机,那么它的机型又有什么独特之处呢?其实,V-22倾斜旋翼机是一种介于直升机和普通飞机之间的新颖机型,其在机翼两端翼尖各安装了一部旋转式短舱,两个短舱内各装有1台美国艾利逊公司研制的T406-AD-400涡轮轴发动机。两个短舱

⚓ V-22"鱼鹰"直升机

V-22的机身呈矩形，从而加大了机舱内的容积，可运载24名全副武装的士兵或12副担架及医护人员，也可在机内装9072千克和外挂6804千克货物。就其飞行速度和航程来说，远远超过了CH-46直升机。与某些军用运输机相比，V-22也占有优势。

兵器解密

任何地方、任何时间完成各种任务。V-22更大的航程将降低飞机和机组在两次任务间的风险，更大的速度则能降低机组及乘员的工作负荷和疲劳，全电子式仪表则简化了飞行工程师的工作，而实现这些出色性能就是靠他的一倾转翼。起飞和降落时，"鱼鹰"的螺旋桨推进器在飞机顶部旋转，它就是标准的直升机；进入平飞的时候，推进器与地面垂直，成了固定翼飞机。因此，它既具有固定翼飞机速度快和航程远的特点，又能像直升机一样垂直起降和悬停。"鱼鹰"靠这手绝活夺得了美国国家航空协会颁发的"重大航空进步奖"。

⬆ 直升机转轴和发动机的特写

头部各装有一副由三片桨叶组成的逆时针旋转的旋翼，桨叶由石墨或者玻璃纤维制成，平面形状为梯形，桨叶采用不同于一般直升机的设计，有利于提高前飞和悬停效率。当旋转短舱垂直向上时，便可像直升机一样垂直起飞。当达到了一定的飞行高度和飞行速度后，旋转式短舱向前转动90°到水平位置，V-22便像普通固定翼螺旋桨飞机一样向前飞行。在以直升机方式飞行时，操纵系统可改变旋翼上升力的大小和旋翼拉力倾斜的方向，以便使飞机保持或改变飞行状态。在以巡航方式飞行时，上单翼后缘的两对副翼可保证飞机的横向操纵。

V-22的家族成员比较多，共有6种型号：MV-22，是V-22系列第一种变型，为海军陆战队使用。CV-22，美国空军计划采用50架CV-22取代自身装备的所有MH-53J、MH-60G直升机和MC-130E运输机。美陆军计划用V-22的电子战改型EV-22取代EH-1、EH-60、RV-1和RC-12等几种机型。此外还有HV-22，SV-22和WV-22三种机型。

突出的特点

V-22的最大特点就是航程远、速度快。它具有3892千米的自部署不加油转场航程，最大飞行速度每小时可达556千米，速度和航程是直升机的2倍多，而且能在小场地起降。V-22装有一台多模式雷达系统，使之能在不利气象条件下和夜间飞行，能在

◄ 兵器简史 ►

尽管V-22是在新的设计理念下诞生的，但它也避免不了坠毁的厄运。1991年6月11日，一架V-22由于接线问题而坠毁，幸好无人伤亡；1992年7月20日，一架V-22从佛罗里达一个空军基地直飞到佛吉尼亚海军陆战总部，在降落时，突然失去控制而导致坠毁，不幸的是机上有7名人员遇难。

> "阿帕奇"是技术最先进的武装直升机
> "阿帕奇"的最大时速是365千米

AH-64"阿帕奇"直升机 >>>

AH-64"阿帕奇"直升机是美国陆军航空兵的主力装备,也是美国最先进的具有全天候作战能力的武装直升机。"阿帕奇"AH-64战斗直升机能有效摧毁中型坦克和重型坦克,具有良好的生存能力和超低空贴地飞行能力,它是美国当代主战武装直升机。该机能在恶劣的气象条件下昼夜执行不同的任务,并有很强的战斗、救生及生存能力。

正在进行检修的 AH-64

名副其实

阿帕奇是北美印第安人的一个部落,也叫阿帕奇族,它位于美国的西南部。相传阿帕奇是一个武士,他英勇善战且战无不胜,被印第安人奉为勇敢和胜利的代表,因此后人便用他的名字为印第安部落命名,而阿帕奇族在印第安史上也以强悍著称。用"阿帕奇"来给AH-64战斗直升机命名,是再合适不过了。因为它具备了很强的生存能力:坚

实的机身再加上可以携带射频导引头的"地狱火"导弹和一系列的先进装备,使得它所向披靡。"海尔法"重型反坦克导弹是"阿帕奇"直升机的制胜利器,主要用于远距离攻击坦克、装甲车辆和其他地面目标。"海尔法"导弹可以跟进攻击目标反射的激光,直到击中为止。

由来发展

武装直升机从问世到现在只有20多年历史,但由于它作战能力强、机动灵活和用途广泛,而普遍受到世界各国的重视,发展也非常迅速。1972年年底,美国陆军为了加强其武器装备,提高部队的快速反应能力,提出了"先进技术攻击直升机"计划,要求研制一种能在恶劣气象条件下,可昼夜执行作战任务并具有很强的战斗、救生和生存能力的先进技术直升机。计划提出后经过3个月的设计竞争,美国陆军于1973年6月选中了贝尔和休斯直升机公司的方案,并决定各研制两架试飞原型机和一架地面试验机。从1976年5月开始,由美国陆军组织对两家公

AH-64也有不少缺点：首先是光学和红外观瞄系统在恶劣气象或烟尘中受到极大影响；其次发射地狱火导弹时必须露出机头并进行制导，容易被敌人击中；三是操作复杂，开关多达1250个，因此麦道公司推出了一个"阿帕奇"的多阶段改进计划，先后出现了AH-64B和AH-64C两种型别。

兵器简史

2003年3月24日，在伊拉克战争美军进攻巴格达的行动中，32架AH-64"阿帕奇"武装直升机，对驻守在卡尔巴拉的伊拉克共和国卫队"麦地那"师发动的猛烈攻击，打响了巴格达之战的第一枪！并且在短时间内击毁了伊军的10多辆坦克。而海湾战争期间，多国部队部署武装直升机几百架，而AH-64"阿帕奇"就占274架，约为美国陆军装备总数的一半。

司的原型机进行对比试飞，到1976年年底经过90多个小时的试飞对比，美国陆军正式宣布休斯公司的YAH-64方案获胜。再经过修改定型，到1984年1月第一架生产型AH-64A正式交付部队使用。1981年年末正式命名为"阿帕奇"，从此美国新一代武装直升机AH-64A"阿帕奇"宣布诞生。

克服生存障碍

作为一种"先进的攻击直升机"，AH-64"阿帕奇"代表的是20世纪80年代的技术水平，其中包括机体设计、机载装备和武器等多方面。在总体上，"阿帕奇"的设计是非常成功的，尤其是在结构设计上很有特色，从而保证了该机具有比较好的基本性能和生存能力。但作为一种武装直升机，在执行作战任务时往往飞得很低，这就很容易遭受敌地面火力的攻击，危险性很大。因此，为了提高其生存力，"阿

帕奇"在设计上想了很多办法，采取了很多措施。比如在旋翼桨叶设计中，采用了先进的设计材料，经实弹射击证明，这种旋翼桨叶任何一点被12.7毫米枪炮击中后，一般不会造成结构性破坏，完全可以继续执行任务。两台发动机的关键部位也有装甲保护，而且中间有机身隔开，两者相距较远，如果有一台发动机被击中损坏，还有一台可以继续工作，保证飞行安全。

"阿帕奇"在1989年的巴拿马首次参战，1991年海湾战争和空袭南联盟以及最近的伊拉克战争中"阿帕奇"均显示了很强的作战能力，对坦克和装甲车以及其他车辆和人员等软硬目标均有很强打击力。在海湾的战争中，"阿帕奇"在"沙漠风暴"空袭中打响了第一枪，为该行动的顺利开展开了一个好头。

在伊拉克境内的一架隶属于美国陆军第101航空团的AH-64D"阿帕奇"。

> Mi-24直升机的最大时速是335千米
> Mi-24直升机最大起飞重量是12吨

Mi-24"母鹿"直升机 »

在动物世界中，鹿是非常讨人喜欢的，它们乖巧、温顺。旧时欧洲的王公贵族，也常常在自己的庄园里放养一些鹿。小鹿班比也是迪斯尼同名动画片中的主人公，在童话的丛林里千娇百媚，多少年来一直为人们所喜爱；但是在真实世界的丛林上空，却徘徊着一个长满獠牙的"鹿"，这就是苏联的攻击直升机Mi-24，北约代号"母鹿"。

米里的杰作

米里，在直升机世界里，这是一个如雷贯耳的名字。据说今天世界上每四架直升机中，就有一架是米里直升机或米里直升机的变型或衍生。到1999年为止，世界上大约有30000架直升机挂着米里的名字。Mi-24也是米里的杰作。Mi-24是苏联开发的第一种武装直升机，它外型独特、火力强大，拥有重武装的同时还可载运步兵到前线，迄今没有任何武装直升机具备相同的身手。20世纪60年代，苏联陆军开始走上机械化之路，米里设计局的主任设计师米里认为，一种既能载运步兵又能提供火力支援的飞行战斗运兵车，将会给陆军带来一场战术革命。1966年，米里完成了新型武装直升机的全尺寸模型，该机的外观与美制UH-IA直升机相似，不过它却拥有后来Mi-24的特性：配备2名乘员并可载运7—8名士兵；装备双管23毫米机炮、4—5枚反坦克导弹和2—4具火箭吊舱；机上重要部位和乘员均有装甲防护。

走进"母鹿"

Mi-24是苏联米里设计局在Mi-8直升机的基础上研制的专用武装直升机，该机主要任务是反坦克、清除防空火力和障碍、压制空降区敌方先头部队等。Mi-24于20世纪60年代后期开始研制，1972年年底试飞并投产，1973年装备部队，曾经大量装备苏联部队。现在虽然已经被Ka-50等先进武装直升机取代，但仍约有120多架在独联体各

一列Mi-24"母鹿"直升机

美军武装直升机"阿帕奇"在海湾战争的表现给Mi-24带来了很大压力,迫使俄罗斯军队加快了改进升级Mi-24的步伐。改进型Mi-24PM和Mi-24VM具有很强的夜间观察和搜索能力、可靠的全昼夜作战能力,整体作战能力有很大提高。

兵器解密

🔊 Mi-24D 座舱内部的仪表

国服役,伊拉克、保加利亚、匈牙利、越南、利比亚、古巴、阿富汗等国家也装备有Mi-24直升机。前期的Mi-24A、B、C直升机采用3人的座舱,后期的D、E、F、G等型号改为双人串列座舱。Mi-24的突出特点是还有一个可以载8名步兵的机舱,可以运转突击队或撤离己方人员。

丰富的战斗经验

Mi-24于20世纪60年代末开始研制,至今已有十几个型别,形成了庞大的"母鹿"机族。它于1973年正式装备部队,Mi-24刚研制成功时,直升机专家们并没对它抱很大的期望,这一点从它的命名可以看出。因为自然界中的母鹿并不善于进攻,遇敌只会以逃求生。然而,"母鹿"出色的战场表现却令为它命名的直升机专家们汗颜。Mi-24大概是世界上战斗经验最丰富的作战飞机了,在二十多年里就经历了三十多场战争,从非洲的安哥拉,到南美的尼加拉瓜;从欧洲的波黑,到中亚的俄罗斯腹地……历史上

很少有作战飞机比它更具丰富的战斗经历。Mi-24的首战是在1978年的埃塞俄比亚,当时索马里军阀巴尔将军进攻埃塞俄比亚的厄立特里亚省,埃塞俄比亚的Mi-24在苏联顾问指挥下,由古巴飞行员操纵发动反击,并在此次战争中取得了很不错的战果。

辉煌的时刻

虽然Mi-24的战斗经验非常丰富,但它最辉煌的战绩无疑是在阿富汗成就的。1979年12月27日,苏联直接出兵阿富汗,一周内阿富汗全境陷落,Mi-24的优异性能在这场战争中体现得淋漓尽致。阿富汗多山,经常需要控制制高点,直升机成了作战行动的不二选择。在前苏军入侵阿富汗之前,Mi-24已经在阿富汗投入战斗。最初,在阿富汗的Mi-24直升机大多是单机行动,但后来在多次遭到攻击并被击落一架后,前苏军改变了战术,即以双机编队行动,这样一旦其中一架直升机被击落,另外一架至少可以掩护并营救被击落的直升机机组乘员。

◀ 兵器简史 ▶

Mi-24经常以双机、四机甚至八机出击,采用多机协同攻击的战术。"车轮战术"也称"死亡之轮",几架飞机绕着目标兜圈子,边转圈子边不断地向目标射击。"流水线战术"是另一个多机战术,几架飞机成梯队进入,依次转向目标进入攻击。前苏军飞行员动作很泼辣,有时这边的攻击还未脱离,那边的已经在目标左右开始攻击了。

兵器知识 > 军用运输机参加过许多空运行动
世界正在使用的军用运输机约6000架

军用运输机 »»

正如它贴切的名字一样，军用运输机是一种专门用于运送军事人员、武器装备和其他军用物资的飞机，具有较大的载重量和续航能力，能实施空运、空降、空投，保障地面部队从空中实施快速机动；它有较完善的通信、领航设备，能在昼夜复杂气象条件下飞行。有些军用运输机还装有自卫武器，在运输或执行任务的过程中可以进行自我保护。

运输机的分类

军用运输机按运输能力分为战略运输机和战术运输机。战略运输机是指主要承担远距离、大量兵员和大型武器装备运输任务的军用运输机。这类运输机的特点是：载重能力强、航程远，起飞重量一般在150吨以上，载重量超过40吨，能进行空降、空投和快速装卸等任务，主要是在远离作战地区的大型和中型机场起降，必要时也可在野战机场起降，美国的C-5、C-17，俄罗斯的安-22、安-124、安-225、伊尔-76等都属于这类飞机。战术运输机是指主要在战区附近承担近距离运输兵员和物资任务的军用运输机。一般是中小型飞机，起飞重量60—80吨，可运送100多名士兵；主要在前线的中、小型机场起降，有较好的短距起降能力。典型的战术运输机有：美国的C-130，乌克兰的安-12和我国的运-8。在军用运输机当中，装备战术运输机的国家较多，而战略运输机由于研发门槛高、价格昂贵只为各别国家所拥有。

波音747大型货机"梦者"

在战争中成长

事物总是在需求中不断发展的，在第一次世界大战期间还没有发生明显的空运行动，更没有专门的军用运输机。但从第二次世界大战开始，军用运输机在主要参战国中渐渐得到推广使用，并很快显露出它快速移动和部署兵力的巨大优越性。但是当时的机型基本是从民用客机甚至轰炸机改装过来的。战后，以美、苏为首的军事大国投入大量人力物力，积极研制出第二代、第三代专用的军用运输机。美国在"冷

目前国外一些大型军用运输机一般采用先进成熟的综合化的航空电子系统，使系统自动化程度大大提高，从而减轻了飞行机组人员的工作负担；另外，这些运输机还采用先进的通信、导航系统和"玻璃驾驶舱"，以提高全天候执行任务和快速装卸能力。

🔸 有17架美国C-17环球霸王III组成的机队在飞越弗吉尼亚州的蓝岭。

美国的C-5和俄罗斯安-22以及安-124。它们几乎可以运载陆军的所有大型装备，包括全副武装的主战坦克，其载重量达到100多吨，为前沿部署部队提供全面的后勤支援。这些战略运输机大都配备了4台涡扇喷气发动机，具有高空巡航能力。然而，它们只能在服务设施较好的正规机场起降，但俄罗斯运输机可以在粗糙路面的跑道上起降。

"战"年代奉行"全球战略"的同时，从未忽视对运输航空兵的建设与发展，它专门设立了与战略空军并肩作战的空运司令部，并在历次局部战争中很好地利用了空运这一作战手段。苏联在这一方面也不甘落后，它独立研制并大量配备了型号繁杂的轻、中、大型军用运输机，在各种大型演习及涉及国外的军事冲突中动用了空运部队，同样也取得了令人瞩目的效果。

世界发展到现在，已经步入到和平年代，那军用运输机还能发挥它的作用吗？这应该是毋庸置疑的。现在，大型军用运输机是完成抢险救灾和国际人道救援必不可少的保障性装备，担负着人员转移、救灾物资运送、救援人员和装备的运输等方面的重任。大型军用运输机还是发展各类特种飞机的平台，比如预警机、空中加油机等。

美国空军的突破

自从有了军用运输机，在一定程度上也改变了战争的作战方式。但是长期以来，世界上几乎所有空军都把战术运输机用作唯一的空中运输工具。然而，美国空军是个例外，它主要使用的是远程的战略运输机，俄罗斯空军在这方面仅次于美国。美国和俄罗斯空军在军事力量运送方面有着各自的特点。战略空运需要研制更大的运输机如：

兵器简史

进入现代战争年代的新一代军用运输机，更加成为军事行动中的急先锋和强大的作战工具，以1991年的"海湾战争"为例，美军曾动用了350架军用运输机并租借来180架民航客机和货机，投入12700架次空运飞行，累计运输44万人和44万吨军事物资到战争前线。这次空运，已被誉为是现代战争史上最成功和最重要的一个具体战例。

兵器知识

> C-130A 有着"小木偶鼻"的外号
> MC-130E 是美国空军战场运输机

C-130"大力神"运输机 »»

在世界各国空军使用的飞机中,没有比美国洛克希德公司的 C-130"大力神"更重要的了。它是按照美国空军的要求制造的一种能在简易机场起降,以涡轮螺旋桨发动机为动力的战术运输机。C-130 也是美国最成功、最长寿和生产最多的现役运输机,在美国战术空运力量中占有核心的地位,同时也是美战略空运中重要的辅助力量。

⬆ C-130"大力神"运输机的驾驶舱

发展历史

自第一架飞机诞生后不久,就曾有一些好奇的人搭乘飞机上天,但他们只是为了体验飞行或验证飞机的性能,并不是为了达到从一地到另一地交通的目的。1911 年 2 月的一天,英国飞行员蒙斯·佩凯在印度驾机为邮政局运送了第一批邮件,同年 7 月初,英国飞行员霍雷肖·巴伯将一名女乘客从肖拉姆运送到亨登,并为通用电气公司将一纸箱"奥斯拉姆"灯空运至霍夫,这可是世界上第一次客货空运。之后一些国家开始

设计专用的小型运输机。1933 年是运输机发展史上具有重要意义的一年。2 月 8 日,美国波音公司的波音 247 原型机载着 10 名乘客首次试飞,波音 247D 和 DC-2 标志着现代运输机的诞生。而作为美国三军的通用装备 C-130"大力神"运输机已经奔波了半个世纪,超长的服役期并没有让其失去斗志,反而派生出更多的"战场兄弟"继续着不老的传说。

"冷战"的产物

C-130"大力神"运输机诞生在"柏林封锁事件"发生后。第二次世界大战刚刚结束,由于苏联和盟国之间矛盾逐渐激化,苏联为向西方盟国加压,封锁了所有通往西柏林的陆上道路,而西柏林在停战协议中是盟国的占领区,当时居民还需要靠盟国救援生存下去。苏联认为只要封锁西柏林一段时间,盟国必将向自己让步。但盟国立即展开了从空中向西柏林运送救援物资的行动,在长达近一年的封锁期内向西柏林昼夜不断地空运物资。这一史无前例的大空运,彻底

AC-130 是由洛克希德公司以美国空军 C-130 运输机为基础改进而来运输机,人称"飞行炮艇",配备可多种机枪、机炮、旋转机炮,其中参加过最有名的战役就是越战。由于越南除重要城市外防空火力不强,这些运输机就足以对付地面目标,给北越军队造成了很大损伤。

兵器解密

打乱了苏联的计划,最后苏联不得不重开封锁线。这样庞大的运输行动促进了运输机的发展。另外,这一事件让各国充分认识到空运的重要性,而性能出色的运输机是空运力量的核心。C-130"大力神"也是在这样的背景中产生的。

C-130 大家族

C-130 可按需要运送或空降人员以及空投货物,返航时可从战场撤离伤员。经过改型之后,C-130 还可用于高空测绘、气象探测、搜索救援、森林灭火、空中加油和无人驾驶飞机的发射与引导等多种任务。为了适应不同的用途,C-130 还产生了一系列不同的型别:C-130A 是第一种生产型;C-130B 为发展型;C-130C 是美国空军附面层控制试验机;C-130D 是 A 型的改进型,主要用于南北极地的任务。此外还有 AC-130、EC-130、

KC-130 和 LC-130 等。C-130 家族的成员曾参加过许多局部战争,如它的家族成员 AE-130A、E 型,曾在 1968 年、1969 年的越南战争中参加战斗;在海湾战争爆发前的备战行动中,美国空军的 C-130 运输机已进行了 11700 架次空运及其他作战支援任务;在海湾战争中,美国空军有 700 架 C-130 运输机进行了空运及其他作战支援任务。

C-130H 型运输机

兵器知识

> "空中医院"可迅速救治伤员
> "空中医院"能在高空飞行时抢救伤员

空中医院 》》》

人类社会发展到现在，许多以前只能在脑海里想象的东西已经变成了现实。有了病，去医院当然是最好，但对于一些重症和急诊的病人，救护车算是最好的帮手，因为它不仅可以节约时间，而且预先的救治为进一步在医院治疗打好了基础。但是，在战火纷飞的战场上，若是能在飞机上对受伤严重的士兵进行治疗，那无疑是最佳的选择。

了解"空中医院"

把野战医院搬上蓝天，一直是人类的一个梦想。如今，这个梦想已在直升机部队变成现实。那到底什么是"空中医院"呢？简单来说，"空中医院"就是可以在空中进行救治的医院，在飞机上有医疗设备和医护人员，一般情况下，在灾难发生后对灾区实施紧急救援。"空中医院"能缩短搜寻、抢救、疏散和提供医疗救助的时间，而且能直接在其中进行医疗救援，从而显著提高大型空难中旅客生还的几率。目前，"空中医院"已成为一种很实用的灾区救援方式，越来越受到欢迎，很多国家都在纷纷组建自己的"空中医院"。

较早的实践者

瑞典在建立"空中医院"方面是比较早的。2002年，瑞典政府决定将一些飞机改建成"空中医院"，以便为重大事故、突发性灾难、国际维和及人道主义救援等提供紧急救援服务。瑞典将波音737-800型客机或空中客车A321型客机改装成"空中医院"，每架飞机除了机组人员外，还将配备经过空中作业训练的5名医生、11名护士和1名技

刚刚从"空中医院"中抬出的病患。

2007年年末，俄罗斯完成伊尔-76飞机上的"空中医院"建造工作。根据介绍，俄罗斯紧急空中救灾医院将被组合安装到米格-26和伊尔-76飞机上。同时，在建造"空中医院"时，采用了德国同行在空客A-310上建造医院的经验，使得该"空中医院"在设计上更加优化。

兵器解密

International™ SOS

国际救援标志

师，一次可救治28名病人。瑞典的"空中医院"可覆盖该国或周边3000平方千米的范围，当意外事故或灾害发生时，能够迅速给受害人提供与地面医院同等条件的治疗，包括各类外伤、头部损伤、烧伤。

SOS救援的得力"助手"

SOS是国际莫尔斯电码救难信号，并非任何单字的缩写。鉴于当时海难事件频繁发生，往往由于不能及时发出求救信号和最快组织施救，结果造成很大的人员伤亡和财产损失，国际无线电报公约组织于1908年正式将它确定为国际通用海难求救信号。因为"空中医院"方便快捷，毫无疑问，它也就成为国际SOS救援中心的关键工具。当SOS救援中心接到紧急医疗救援的电话后，"空中医院"会紧急出动，然后提供转运服务，把需要急救的病人安排到最近的医院接受治疗，而病人将在"空中医院"里接受抢救，为拯救生命赢得时间。SOS救援中心的"空中医院"一般拥有高压氧舱、心血管和呼吸等支持系统，还配备医疗救护小组，小组医生和护士经过专门的紧急医疗护理、航空医疗、飞机和系统设施安全起降以及飞行

护理方面的培训。

重温历史

2008年5月12日，中国四川省汶川发生了特大地震，这次地震给灾区人民带来的巨大的损失，而且由于地处多山地区，给救援工作带来的很大的不便。国际社会也向灾区伸出了援助之手，派出了专业的救援队伍，在减少震灾损失方面发挥了很大的作用。在这些国外救援队伍中，俄罗斯派出的医疗救援队显得比较特殊，因为俄罗斯紧急情况部的"空中医院"来到了救灾阵地。俄罗斯紧急"空中医院"的最大一个特点就是反应迅速。在汶川地震发生后，该队伍在第一时间进入紧急状态待命，整装待发，医护人员、专业搜救人员和搜救犬已经做好准备，随时可以奔赴中国震区救灾。另外，这支"空中医院"队伍在营救中也很迅速。据俄罗斯紧急情况部部长绍伊古介绍，俄罗斯"空中救灾"医院3个小时内，可在任何地点展开救援工作，而且医院还能实施空投。

兵器简史

除了在战场上发挥救援作用以外，空中医院还能对突发事件中的受伤者给予及时的治疗，增大伤者生存的几率。2008年11月，在印度孟买发生了爆炸袭击，许多欧洲游客在这次恐怖事件中受伤。事后，瑞典立刻派出了"空中医院"飞机，飞往孟买，接回受伤欧洲游客，并在飞机上就对受伤者进行治疗。

图书在版编目（CIP）数据

钢铁雄鹰：军用飞机的故事/田战省编著. —长春：北方妇女
儿童出版社，2011.10（2020.07重印）
（兵器世界奥秘探索）
ISBN 978-7-5385-5699-5

Ⅰ.①钢… Ⅱ.①田… Ⅲ.①军用飞机—青年读物②军用飞
机—少年读物 Ⅳ.①E926.3-49

中国版本图书馆 CIP 数据核字（2011）第 199124 号

兵器世界奥秘探索
钢铁雄鹰——军用飞机的故事

编　　著	田战省	
出 版 人	李文学	
责任编辑	张晓峰	
封面设计	李亚兵	
开　　本	787mm×1092mm　16 开	
字　　数	200 千字	
印　　张	11.5	
版　　次	2011 年 11 月第 1 版	
印　　次	2020 年 7 月第 4 次印刷	

出　　版	吉林出版集团　北方妇女儿童出版社	
发　　行	北方妇女儿童出版社	
地　　址	长春市福祉大路5788号出版集团　　邮编 130118	
电　　话	0431-81629600	
网　　址	www.bfes.cn	
印　　刷	天津海德伟业印务有限公司	

ISBN 978-7-5385-5699-5　　　　　　　定价：39.80元